大展好書　好書大展

水草

選擇・栽培・消遣

使生活多彩多姿的

水草生活

在水槽中栽培水草，讓魚悠游於其中。創造一個世界獨一的小宇宙。請你務必也嘗試看看。

55×55×52cm
水草俱樂部作品

45×30×30cm

60×30×60cm

31×18×25cm

60×30×36cm

158×53×60cm
水草俱樂部作品

多下工夫，注重顏色的搭配。創造自己特有的小水族箱。

130×48×55cm
水草俱樂部作品

90×45×45cm
海豚水族館的
作品

90×45×45cm
迪諾水族館的作品

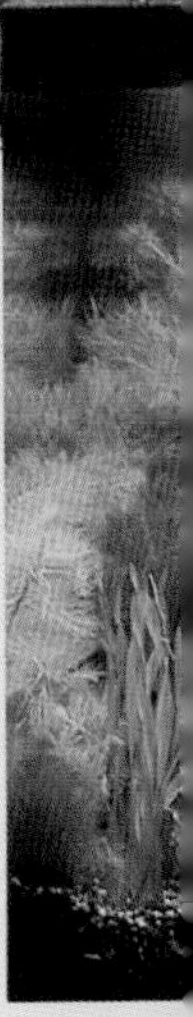

要維護大水族箱中的水草，需要花費許多勞力。不過，這也是樂趣所在。

60×30×36cm
綠書房作品

這是我的世界，可以隨心所欲地佈置。你是否也有興趣嘗試創造屬於自己的小小世界呢？

90×45×45cm
高知市・SAILING
作品

利用些許的創意來
裝飾自己的房間。

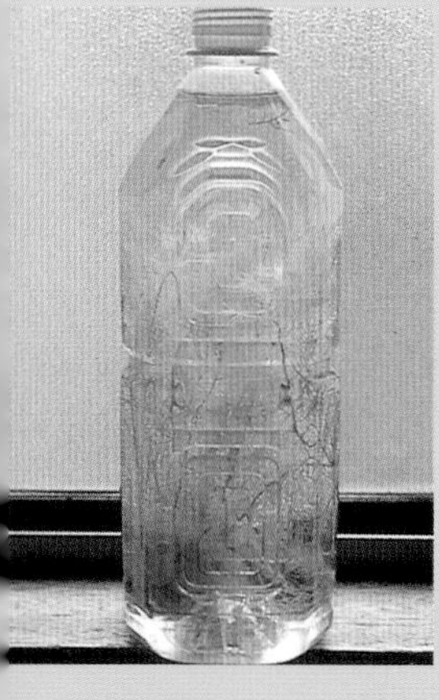

水草目錄

難易度：A・容易
B・普通
C・稍難
D・難
F・不能長期栽培

CO_2：A・不要
B・添加較適宜
C・必要時或移植時需要

金魚藻

Ceratophyllum demersum
原產地：世界各地、日本
高　度：30cm～
葉　長：2～3cm
水　溫：18～25℃
難易度：A
照　明：普通
CO_2：A

蜈蚣草

Hydrilla verticillata
原產地：亞洲、日本
高　度：30cm～
葉　長：1～2cm
難易度：B
照　明：稍強
CO_2：C

水蘊草

Egeria densa
原產地：中南美洲、日本
高　度：30cm～
葉　長：2～3cm
難易度：B
照　明：稍強
CO_2：B

玻菲蝦藻
Potamogeton perfoliatus
原產地：歐洲各地、亞洲、日本
高　度：30cm～
葉　長：4～7cm
難易度：C
照　明：稍強
CO_2：B

水杉
Limnophila sessiliflore
原產地：東南亞、日本
高　度：30cm～
葉　長：2～3cm
難易度：B
照　明：普通
CO_2：C

卡羅羅漢草
Cabomba caroliniana
原產地：從北美南部到南美北部、日本
高　度：30cm～
葉　長：1～1.5cm
水　溫：18～25℃
難易度：C
照　明：強
CO_2：B

葉底紅

Ludwigia repens
原產地：北美
高　度：30cm～
葉　長：3～5cm
難易度：A
照　明：普通
CO_2：A

紅丁香蓼

Ludwigia repens×palustris
原產地：歐洲、北美
高　度：30cm～
葉　長：3～4cm
難易度：A
照　明：普通
CO_2：A

綠丁香蓼

Ludwigia palustris
原產地：非洲到中亞、北美
高　度：30cm～
葉　長：3～4cm
難易度：B
照　明：普通
CO_2：B

腺鱗小紅葉
Ludwigia glandulosa
原產地：北美
高　度：30cm～
葉　長：3～4cm
難易度：A
照　明：普通
CO_2：A

小紅葉
Ludwigia arcuata
原產地：北美
高　度：30cm～
葉　長：4～7cm
難易度：B
照　明：普通
CO_2：C

綠紅葉
Alternanthera reinckii
原產地：南美
高　度：30cm～
葉　長：5～6cm
難易度：B
照　明：普通
CO_2：B

火鳳凰
Alternanthera sessilis var.orforma
原產地：東南亞
高　度：30cm～
葉　長：5～7cm
難易度：F
照　明：強
CO_2：C

紅線草
Alternanthera bettzckinana
原產地：南美
高　度：20～25cm
葉　長：3～4cm
難易度：F
照　明：強
CO_2：C

紅線草
Alternanthera bettzckinana
原產地：南美
高　度：20～25cm
葉　長：3～4cm
難易度：F
照　明：強
CO_2：C

蝴蝶草

Ammannia senegalensis

原產地：非洲北部
高　度：30cm～
葉　長：5～7cm
難易度：C
照　明：強
CO_2：C

青紅葉

Nesaea icosandra

原產地：馬達加斯加
高　度：30cm～
葉　長：3～4cm
難易度：C
照　明：普通
CO_2：C

百葉草

Eusteralis stellata

原產地：南亞至澳洲
高　度：30cm～
葉　長：6～8cm
難易度：D
照　明：強
CO_2：C

小圓葉
Rotala rotundifolia
原產地：從南亞到東亞、日本
高　度：30cm～
葉　長：5～7cm
難易度：B
照　明：普通
CO_2：C

紅蝴蝶
Rotala macrandra
原產地：南亞
高　度：30cm～
葉　長：3～4cm
難易度：D
照　明：普通
CO_2：C

紅松尾
Rotala wallichii
原產地：東南亞
高　度：30cm～
葉　長：6～8cm
難易度：D
照　明：強
CO_2：C

節節菜
Rotala sp.
原產地：東南亞
高　度：30cm～
葉　長：5～7cm
難易度：C
照　明：普通
CO_2：B

虎耳草
Bacopa caroliniana
原產地：北美
高　度：20cm～
葉　長：2～3cm
難易度：A
照　明：普通
CO_2：B

小對葉
Bacopa lanigera
原產地：南美
高　度：20cm～
葉　長：3～5cm
難易度：D
照　明：稍強
CO_2：C

大葉菊
Hygrophila difformis
原產地：東南亞
高　度：30cm～
葉　長：8～15cm
難易度：A
照　明：普通
CO_2：A

柳葉草
Hygrophila polysperma
原產地：東南亞
高　度：30cm～
葉　長：3～5cm
難易度：A
照　明：普通
CO_2：A

粉紅柳葉草
Hygrophila polysperma var.
原產地：人工改良種
高　度：30cm～
葉　長：3～5cm
難易度：B
照　明：稍強
CO_2：B

中柳

Hygrophila stricta

原產地：東南亞
高　度：30cm～
葉　長：8～12cm
難易度：C
照　明：稍強
CO_2：C

長葉大柳

Hygrophila corymbosa

原產地：東南亞
高　度：30cm～
葉　長：10～15cm
難易度：C
照　明：稍強
CO_2：C

鳳尾草

Mayaca fluviatilis

原產地：北美
高　度：30cm～
葉　長：1～2cm
難易度：C
照　明：稍強
CO_2：C

小頓草

Didiplis diandra

原產地：北美
高　度：30cm～
葉　長：2～3cm
難易度：C
照　明：強
CO_2：C

羅絲草

Heteranthera zosterifolia

原產地：南美
高　度：30cm～
葉　長：5～10cm
難易度：A
照　明：普通
CO_2：A

美克草

Hemianthus micranthemoides

原產地：北美
高　度：20～40cm
葉　長：1～1.5cm
難易度：C
照　明：稍強
CO_2：C

珍珠菜
Lysimachia nummularia
原產地：歐洲、北美南部
高　度：20cm～
葉　長：2～3cm
難易度：B
照　明：普通
CO_2：C

小幸運草
Lindernia anagallis
原產地：東亞
高　度：20cm～
葉　長：1.5～2cm
難易度：C
照　明：稍強
CO_2：C

卡弟山梗菜

Lobelia cardinalis

原產地：北美

高　度：20～50cm

葉　長：4～5cm

難易度：B

照　明：稍強

CO_2：C

綠色山梗菜

Physostegia sp.

原產地：北美

高　度：20～50cm

葉　長：10～15cm

難易度：B

照　明：稍強

CO_2：C

水玫瑰

Samolus parviflorus

原產地：北美熱帶區域

高　度：20～40cm

葉　長：8～15cm

難易度：B

照　明：強

CO_2：B

三白草
Saururus cernuus
原產地：北美
高　度：20～40cm
葉　長：3～5cm
難易度：C
照　明：強
CO_2：C

水田芥
Nasturtium officinale
原產地：歐洲、日本
高　度：30～40cm
葉　長：1.5～2cm
水　溫：18～25℃
難易度：B
照　明：普通
CO_2：B

納納榕葉

Anubias barteri var.nana

原產地：西非

高　度：20～30cm

葉　長：5～10cm

難易度：A

照　明：普通

CO_2：B

芭蒂榕葉

Anubias barteri var.barteri

原產地：西非

高　度：20～40cm

葉　長：10～20cm

難易度：B

照　明：普通

CO_2：B

克拉榕葉

Anubias barteri var.caladifolia

原產地：西非

高　度：30～40cm

葉　長：10～20cm

難易度：C

照　明：普通

CO_2：C

格拉榕葉

Anubias gracilis
原產地：西非
高　度：30～40cm
葉　長：10～20cm
難易度：C
照　明：普通
CO_2：C

偉蒂椒草

Cryptocoryne wendtii var.
原產地：南亞
高　度：10～15cm
葉　長：8～10cm
難易度：C
照　明：普通
CO_2：C

小氣泡草

Cryptocoryne balansae
原產地：東南亞
高　度：40～80cm
葉　長：30～60cm
難易度：B
照　明：普通
CO_2：C

亞菲椒草
Cryptocoryne affinis
原產地：東南亞
高　度：10～15cm
葉　長：8～10cm
難易度：B
照　明：普通
CO_2：C

龐德椒草
Cryptocoryne pontederifolia
原產地：東南亞
高　度：15～25cm
葉　長：10～15cm
難易度：C
照　明：普通
CO_2：C

亞馬遜劍草
Echinodorus bleheri
原產地：南美
高　度：40～60cm
葉　長：30～50cm
難易度：A
照　明：普通
CO_2：A

象耳草
Echinodorus cordifolius
原產地：中美～南美
高　度：40～50cm
葉　長：30～40cm
難易度：B
照　明：普通
CO_2：A

皇冠草
Echinodorus amazonicus
原產地：南美
高　度：40～50cm
葉　長：40～50cm
難易度：A
照　明：普通
CO_2：A

迷你皇冠草
Echinodorus tenellus
原產地：南美
高　度：8～15cm
葉　長：10～20cm
難易度：A
照　明：普通
CO_2：A

烏拉圭皇冠草
Echinodorus uruguaiensis
原產地：南美
高　度：10～20cm
葉　長：8～15cm
難易度：B
照　明：稍強
CO_2：A

小水蘭
Vallisneria spiralis
原產地：歐洲至北非
高　度：30～60cm
葉　長：30～60cm
難易度：A
照　明：稍強
CO_2：A

扭蘭
Vallisneria asiatica var. biwaensis
原產地：日本
高　度：30～60cm
葉　長：30～60cm
難易度：A
照　明：稍強
CO_2：A

布希慈菇

Sagittaria sbulata var. pusilla
原產地：北美
高　度：8～15cm
葉　長：10～20cm
難易度：A
照　明：普通
CO_2：A

中水蘭

Sagittaria graminea var. platyphylla
原產地：北美
高　度：10～20cm
葉　長：10～25cm
難易度：B
照　明：稍強
CO_2：A

水韮

Isoetes japonica
原產地：日本
高　度：40～100cm
葉　長：40～100cm
難易度：C
照　明：稍強
CO_2：B

細葉皇冠
Ophiopogon japonicum var.
原產地：日本
高　度：10～15cm
葉　長：8～12cm
難易度：C
照　明：普通
CO_2：B

髮草
Eleocharis acicularis
原產地：歐亞大陸、北美
高　度：8～12cm
葉　長：8～12cm
難易度：B
照　明：強
CO_2：B

草皮
Lilaeopsis novae zelandiae
原產地：澳洲
高　度：5～8cm
葉　長：5～8cm
難易度：B
照　明：稍強
CO_2：B

細葉菖蒲

Acorus gramineus var. pusillus

原產地：亞洲

高　度：8～12cm

葉　長：8～10cm

難易度：D

照　明：強

CO_2：C

芋仔頭
Nymphaea stellata
原產地：斯里蘭卡
高　度：20～30cm(水中葉)
葉　長：8～12cm
難易度：C
照　明：強
CO_2：B

泰國芋仔頭
Nymphaea rubra
原產地：泰國、緬甸
高　度：20～30cm(水中葉)
葉　長：10～15cm
難易度：B
照　明：稍強
CO_2：B

香蕉草
Nymphoides aquatica
原產地：北美
高　度：10～15cm(水中葉)
葉　長：5～10cm
難易度：B
照　明：稍強
CO_2：A

印度香蕉草
Nympoides indica
原產地：從亞洲到非洲
高　度：10～20cm(水中葉)
葉　長：3～5cm
難易度：C
照　明：稍強
CO_2：B

西洋荷根
Nuphar luteum
原產地：歐洲
高　度：15～25cm
葉　長：10～20cm
難易度：C
照　明：強
CO_2：B

浮葉水蕨
Trapa japonica
原產地：亞洲
高　度：3～4cm(浮葉草)
葉　長：4～6cm
難易度：F
照　明：強
CO_2：A

小水芹

Ceratopteris thalictroides
原產地：北美、非洲、歐亞大陸
高　度：30～60cm
葉　長：30～60cm
難易度：A
照　明：普通
CO_2：A

鐵皇冠

Microsorium pteropus var.
原產地：亞洲
高　度：20～40cm
葉　長：10～30cm
難易度：A
照　明：普通
CO_2：B

黑虎蕨
Bolbitis heudelotii
原產地：非洲
高　度：30cm～
葉　長：20cm～
難易度：B
照　明：稍強
CO_2：B

寬邊菊葉草
Ceratopteris comuta
原產地：歐亞大陸、非洲
高　度：30～60cm
葉　長：30～60cm
難易度：A
照　明：普通
CO_2：A

鹿角苔
Riccia fluitans
原產地：世界各地的溫帶至熱帶
長　度：1～2cm
葉　長：0.5～1cm
難易度：B
照　明：稍強
CO_2：B

毛苔草
Fontinalis antipyretica
原產地：世界各地的溫帶至熱帶
長　度：3～10cm
葉　長：1～3mm
難易度：A
照　明：普通
CO_2：B

前　言

在此之前，水草被視為養熱帶魚時用的裝飾品。對於養殖熱帶魚的人而言，以魚為主，水草為輔。一般而言，只有少部份的水草能夠長期地栽培、養育。通常，發現水草沒有生氣時，就會丟掉。

但是，這幾年來，CO_2（二氧化碳）、肥料、照明等水草用的周邊機器普及，而使水草的栽培比以前更加容易了。幾乎每一個人都可以簡單地創造美麗的水草世界。

此外，大家對於自然的關心度提升了，發現植物的綠色可以安定心神，而被當作觀葉植物。最近，綠色的室內裝飾和水草受到大家的歡迎。

在此之前，水草被視為熱帶水族箱的裝飾之一。現在，已經日漸居於主角的地位，和熱帶魚、海水魚並駕齊驅，而佔有一席之地。

著者

目錄

第一章 水草的基本知識

第二章 基本佈置

第三章 實踐陳列

第四章 維持的技巧

第五章 類別的栽培方法

第一章
水草的基本知識

水草的原產地

有如熱帶魚一般，水草大都分佈於南美、東南亞、非洲等熱帶地區。不過，和魚不同的是，在熱帶地區以外的地方，像是北美、歐洲、東亞等溫帶地區，也有一些水草的種類。例如：髮草、扭蘭等本土生產的水草種類也不少。

最具代表性的種類產地，包括南美產皇冠草，東南亞產椒草和荷根。非洲產榕葉，馬達加斯加島則產青紅葉等海帶草。北美產的種類也很多，例如：丁香蓼、慈菇等。

不過，要實際上取得原產地的水草非常少。因此，大都是採用當地水邊的雜草來栽培。也許，你會認為水草是像海藻一樣，在水中生存的植物。但是，市售的水草並非全都生存在水中的真正水草。

大多數的種類都是生長在水邊。只有在雨季時，才暫時生活在水邊的植物。還有，有一些植物是只有根部浸泡在水中的種類。或是根部浸泡在水中的浮葉等，和水在生物型態上有關的水生植物。實際上，這些水草有一些是屬於在水中生活的種類，有一些則是生活在水上的種類。一般而言，在熱帶地區可以接受到充沛的日光照射，移植到水槽中，可以感染纖細微塵等，長得非常高大。

平時很少見的水草，幾乎都是從歐洲、東南亞等農場（栽培場）所培育出來，而輸入國內。其實，水草真正的故鄉是農場。

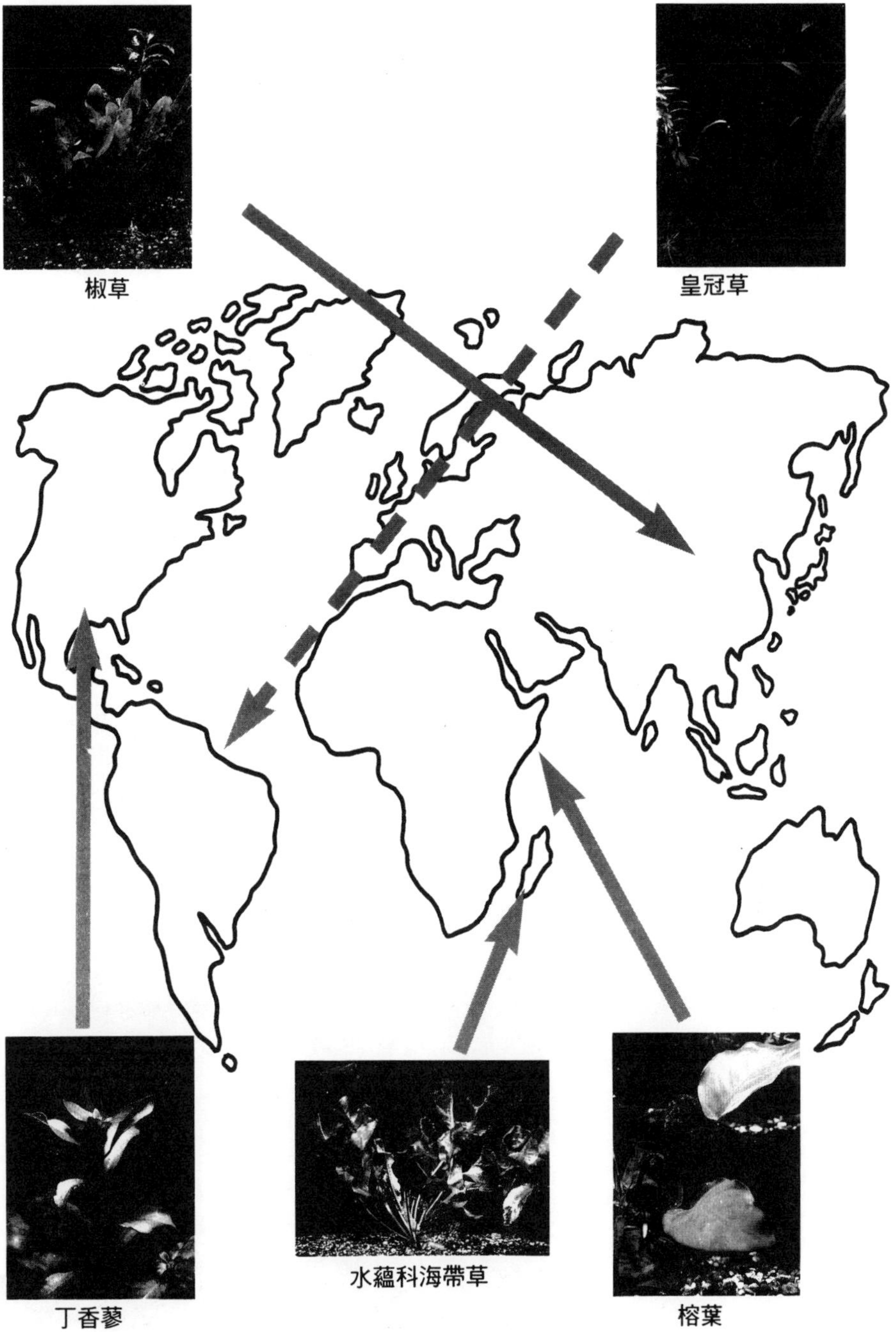

水草原產地的分佈圖

容易取得的水草

在國內可以買到何種水草?

就如前文所述，水草大都栽培於歐洲或東南亞的農場。他們栽培世界上各種種類的水草。例如：非洲原產、南北美原產、亞洲原產、澳洲原產的水草。

一般而言，在當地採集而得的水草，水草愛好者或農場，都會予以栽培。可以成功地在水族箱中栽培時，就大量地生產，輸入至國內。

歐洲和亞洲產的水草相比，歐洲採取溫室栽培的方式，所以人事費和運費等會比較高。此外，歐洲在溫室或水族箱栽培的水草，採取水中葉的狀態來養殖，狀態非常良好。

此外，歐洲熱衷於品種的改良，其主要特徵為有許多珍奇的種類和新品種。而且價格較高。

相對之下，東南亞的水草大都在空地栽培為主。因此，價格較便宜。

白菖蒲

細葉皇冠

水田芥

一般而言，歐洲大都屬於高級種，而東南亞較能夠買到普及或較便宜的種類。除此之外，可以在熱帶魚的專門店買到水草。不過，在普通的販賣園藝植物的園藝店，也可以買到一些較便宜的種類。

本書所介紹的白菖蒲中，有葉長三十公分的大型品種、小型品種和一些有斑紋的種類。

細葉皇冠有龍鬚、鮫鬚之種類。在一般的專門店，甚至還會有小型的姬玉龍這種品種。

此外，還有在觀葉植物中著稱的鳶尾蘭。園藝店可以買到的水田芥，都可以放到小水槽中，使其發芽。然後，種在水中。

其他如觀葉植物中的黃金葛、觀音蓮、彩葉芋等，這種喜歡濕氣環境的植物，係屬於芋頭類；可以進行水中的栽培。無論如何，與其用相同的價錢購買水草，還不如用相同的價錢購買觀葉植物。這麼一來，可以買得更多。

室內裝飾的水草

電燈關掉以後，水族箱中呈現出朦朧的綠色。利用間接的照明，能夠使水族箱呈現不同的景象。使水中植物顯現其魅力。

植物的綠色對眼睛有益，而且，在栽培植物時，也能夠安定神經，所以在室內中培育植物，可以產生良好的效用。因此，在室內中，觀葉植物和盆栽植物是不可或缺的。

像這樣改變型態、調配顏色，利用水草創造出水中森林，讓魚兒在其中悠然地游著。在這一年中，水族箱中的小小生態體系，更是不時在改變。在室內創造獨一無二的小宇宙，你可以享受這種水中的世界。

反之，你並不需要侷限於水族箱。可以利用

使用漂亮潔淨的玻璃瓶創造水族箱的世界

小水瓶或玻璃容器，創造完美的室內裝飾。

水族箱，即在水槽中裝水，有些地方有水，有些地方用沙或植物來佈置。創造出水陸不同的區域，並栽培水草，使水草呈現出原本的姿態來。

要順利地栽培水草，有時候必須進行修剪，捨棄一些不需要的水草。這時，可以把多出來的水草置於漂亮的杯子或玻璃瓶中。然後，利用燈泡等照明設備，可以創造出像觀葉植物一樣小件的室內裝飾。

有的水草在溫暖的季節中，或是在瓶中栽培，或是在戶外，或可以受到陽光照射的窗邊栽培時，成長狀況較佳，甚至可以繁殖，所以可以在戶外用水槽來繁殖水草。不需要侷限於水族箱，而享受各種水草的樂趣。

利用水草的室內裝飾，可以調劑你的生活。

利用水族箱，可以每天享受不同的變化。這是其魅力之一。

熱帶魚和水草

為了養熱帶魚，基本上要有水草，因為水草是熱帶魚在繁殖上必要的。必須定期地換水，進行水質的管理。栽植水草時，如果沒有使用底砂，換水會較簡單。這麼一來，便於清理。

不過，如果沒有底砂和水草，只在水族箱中養魚，會令人覺得很單調。還是在水族箱中栽培一些水草，讓魚悠游於其中，會更具魅力。

有些人很喜歡魚，就會買一些自己喜歡的魚。有些人只喜歡水草，而只在水族箱中養草。當然，這麼做也可以。不過，讀了本書之後，我認為應該要讓水草和魚生活在生態平衡的完美水族箱。魚兒悠游於繁茂的水草之間，才能夠養出健康的魚，也能夠藉此成功地繁殖。

栽種水草之後，雖然在清掃時會較困難，但是水草對於水具有淨化作用，能夠把糞便中所排出的氮氣，透過光合作用而去除。因為這種作用，水草能夠使水族箱中的水更透明，使水質安定。

對於水草而言，能夠從魚中攝取到成長上所需要的養分、肥料，或是從殘餌中取得。

因此，水草和魚能夠彼此得到真正的平衡。這才算是完美的水族箱。

不過，有些魚有其習性，很可能不適合栽種某些種類的水草。如果不注意這一點，魚和水草都無法得到良好的結果，水族箱的平衡也會崩潰。

水草對水有淨化作用。能夠吸收一氧化碳。
由糞所產生的氮，是經由光合作用而去除。還會釋出氧
水草是魚隱蔽的家
水草成長時所需要的肥料，來自魚糞和魚餌。

適合在水草、水族箱中生存的熱帶魚

在介紹適合在水草、水族箱中生存的熱帶魚之前，要先介紹沒有水草就無法生存的魚。一般而言，水草的大敵是會吃苔的種類，稱之為食苔魚。當然，市面上售有各種抑制苔的藥劑等。現在，最有效的防止苔者，為食苔魚。

最具代表性的是小精靈和金色小精靈，以及大和沼蝦。除此之外，並不像小精靈一樣，那麼會吃苔，而且體型較大的，就是所謂的飛狐。飛狐也是最佳的食苔魚。蝦類中有霙蝦和南沼蝦、蜂蝦、新蜂蝦、白斑蝦、綠蝦等。不過，像石蝦、沼蝦等沼澤蝦，以及長手蝦，幾乎都不會吃苔類。尤其長手蝦屬於肉食，會吃小魚，因此要特別注意。除此之外，貝類也會吃苔。一般而言，貝類被當作水草的害蟲。但是，石卷貝可以去苔。

適合養在水草、水族箱中的魚，其條件為不會拔水草，也不會吃草的魚。關於詳細的條件，在後文中會敘述。不過，如果以「不適合魚」之相反習性的魚來看，就會比較容易了解。

一般而言，經常養在水草、水族箱中的魚，有四齒魨、正三角燈、燈魚等的鰶魚。其中有一些具有吃水草的習性，大體而言，都是屬於群居。群游於水草中，真是非常好看。此外，它們也沒有隱藏的習性，所以也不會發生魚進入水草中，即告消失的問題。無論如何，它們是屬於體型較小、較華麗

適合水草水族箱的熱帶魚

的魚，所以任何水草都非常適合。

除此之外，神仙魚、小型的慈鯛、小型的絲足魚、小型燈魚、彩虹魚、卵胎生的鱂魚等，都適合水草。脂鯉或國產孔雀都是為了繁殖的目的而飼養。

一般而言，都不置於水草的水族箱中。

雖然國產孔雀並不會傷害水草，但是脂鯉習慣於稍低的水溫，所以在選擇水草時，要留意適合的品種。

鯰魚等這種種類的魚，經常會潛入沙中，隱藏在水草中；所以不適合養在水草水族箱中。不過，小精靈很適合養在水草水族箱中。

像花鼠不會拔水草，經常藏在隱密的地方不出來。不過，它所習慣的魚餌會把它引誘出來，看起來非常可愛。因此，像一些小型的鰓魚適合養在水族箱中。而且，能夠安定地游在水草中。

如果再養一些中型的吃魚的種類（食魚魚），可以看到它們獵捕獵物時的情景，也饒富趣味。

並不十分適合的，例如：大型的紅龍、鰻魚等等，雖然它們不會吃水草，但是體型很大。

在吃魚餌的時候，經常會拔除水草。如果能夠活用沉木，把水草綁在上面。還有，根部具有強力的附著能力的水草，也能夠和它們同居。只不過這時無法飼養小精靈或蝦子，因此，必須要採取去苔的對策。

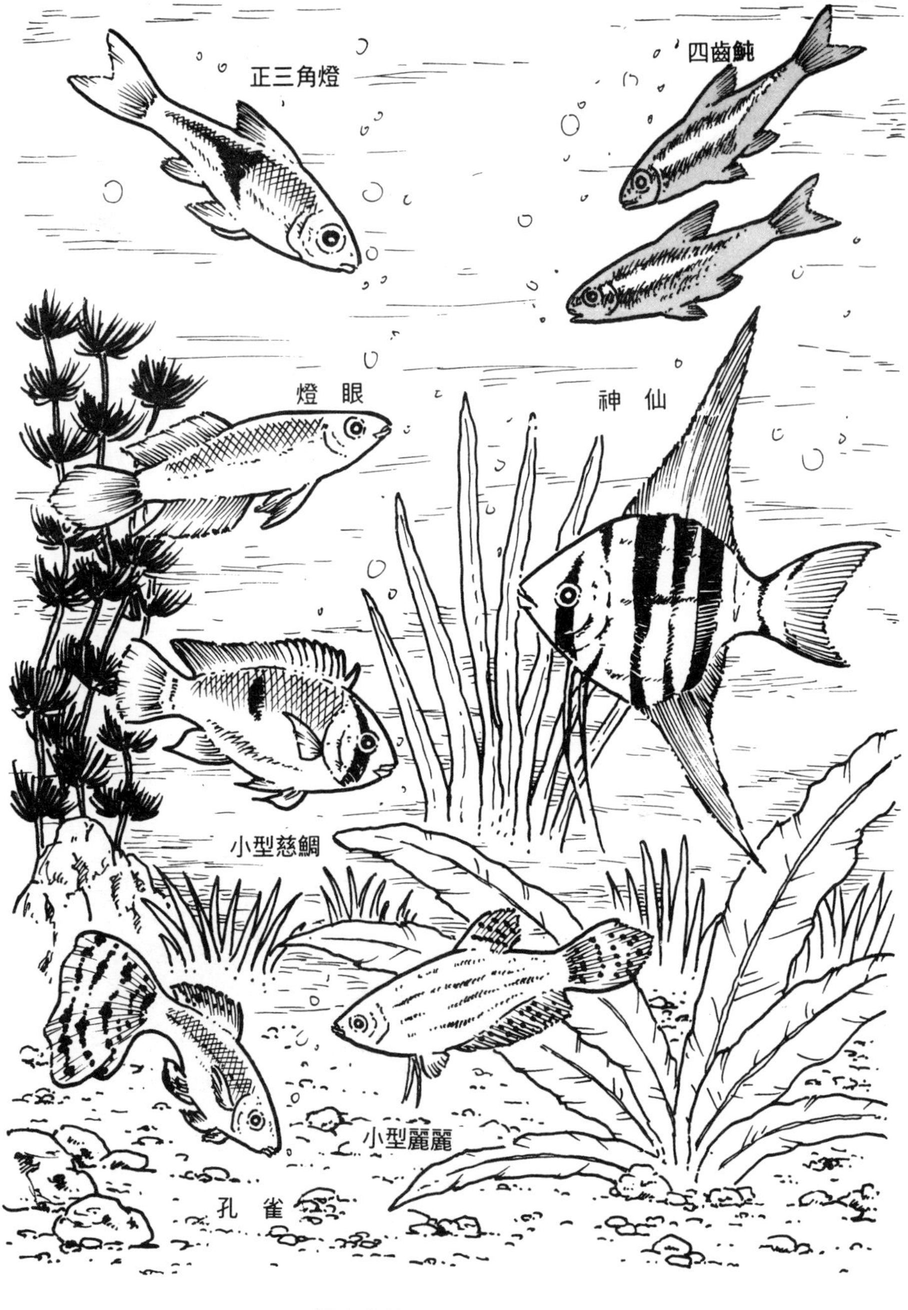

適合水草水族箱的熱帶魚

不適合養在水草水族箱中的熱帶魚

有哪些魚會吃水草？

不適合水草水族箱的魚類，是對於水質、水溫比較敏感的魚類，以及會吃水草的魚。還有，大型、不易掃除的魚；會拔除水草的魚。如果以繁殖為目的，必須要進行徹底的管理。

會吃水草的魚，包括纏口下口鯰、河豚類，蘇門答臘等中型的燈魚、紅肚火口、月光魚，以及食人魚中的草食性的魚類。除此之外，像是綠燈魚、黑袋等，一部分的四齒魨魚，也會有輕微的咬噬水草嫩芽的習性。對於魚類的習性不甚了解時，最好要特別留意。尤其不要飼養太多小精靈或大河藻蝦，免得吃完苔之後，也吃掉水草的嫩芽。

中型至大型的南美血麗麗在繁殖產卵時，有掃除的習慣。不自覺地就拔除了栽種的水草。此外，大型的血麗麗，如麗魚，在空腹時，也會拔除水草來啃食。還有，亮麗鯛也有把沙子含在口中的習性，經常會連根挖除水草；這些魚就不適合養在水草水族箱中。

會拔除水草的大型魚，尤其是鯰魚，在夜間非常活躍。甚至會完全拔除水草。不只是鯰魚的大型

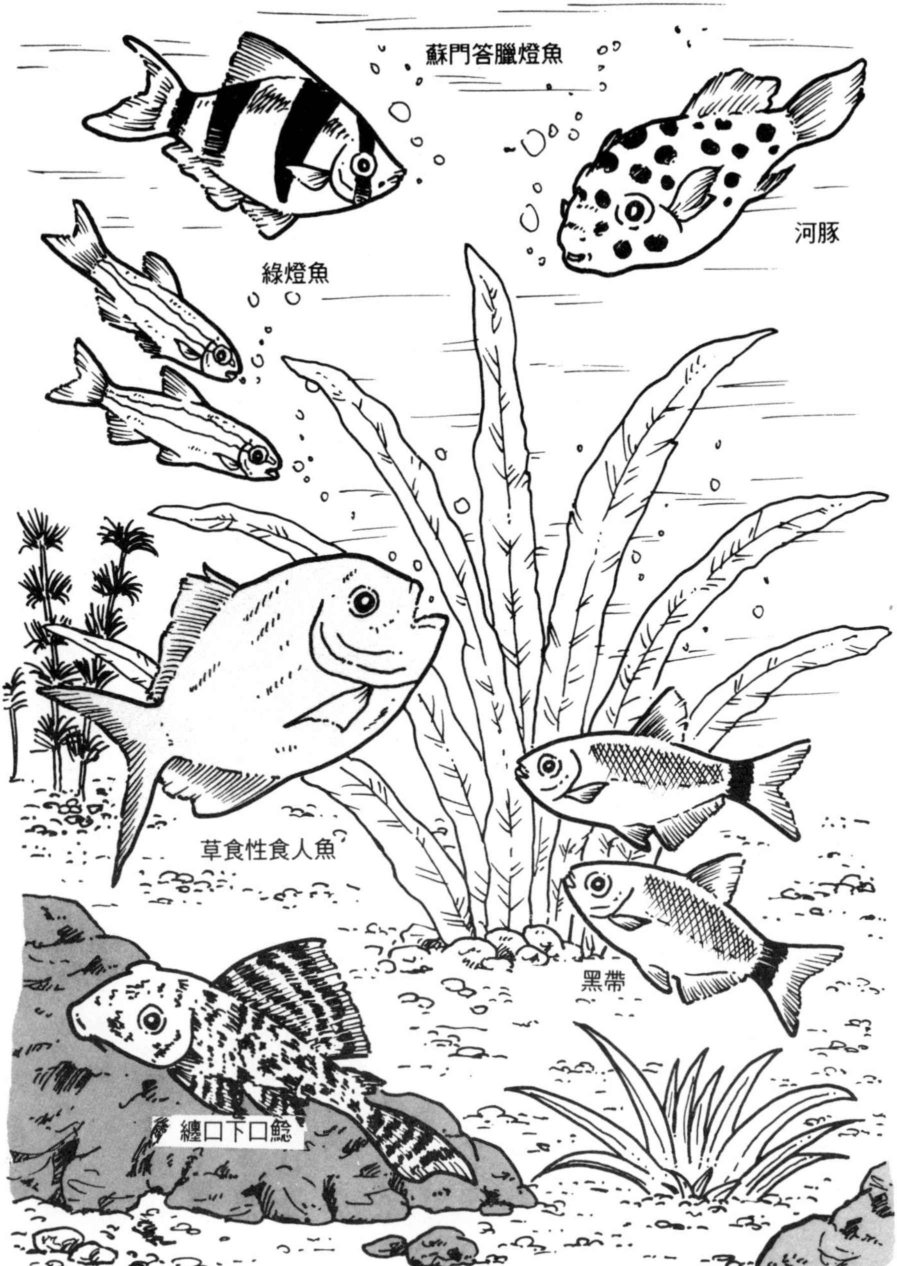

不適合水草水族箱的熱帶魚

種，幾乎小型種類的魚，也會有潛入沙中的習性。在底沙中尋找餌，而拔除了水草。還有，它們會經常隱藏在陰暗處，而無法找尋到它們的蹤跡。

除此之外，其他的大型魚、肺魚和大型的棘鰻，在尋找餌食時，經常會把水草拔掉。此外，大型魚的食量很大，容易影響水質。一些糞便殘留在水草根部，這時必須要有強力的過濾器不可。因此，就這一層面而言，並不適合水草水族箱中。

一般而言，國產孔雀、脂鯉、卵生的鱂魚和南美的鱂魚、血麗魚等，都是為了繁殖而飼養。

雖然這些魚並不適合養在水草水族箱中，但是如果養在水草水族箱中，也不會造成很大的問題。只是有不同的樂趣吧了！

孔雀或血麗麗是自然繁殖，而脂鯉有如前文所述，比較適合養在較低溫的水中。除此之外，一般在店中購買的水草，通常會有貝類寄生。這也是水草的大敵。

印度室內扁平卷貝、田螺等，數量少時，可以增加水族箱的生趣。而且，可以吃水族箱的苔。但是，一旦大量繁殖之後，想要予以去除，就會非常麻煩。印度室內扁平卷貝、金色蝸牛比較不容易繁殖，而不會有爆發性增殖的危險。

水草的分類 I

●生態的分類

通常，說到水草，我們就會聯想到海藻類這種生活在水中的植物。但是，一般店中販賣的水草，大都生活在水邊。或是只有部分的根、莖浸泡在水中這種濕地生長的挺水植物。

市售的水草，依其原來的生態區分如下：

・一年當中，全草整株都生活在水中的真正水草——四輪水蘊草、苦草等。
・只有根、莖在水中，形成水上葉的植物——睡蓮類、海帶草、羅漢草等。
・只有根或莖浸泡在水中，莖會伸出水上的植物——丁香蓼、皇冠草等多種植物。
・浮葉水草——金錢草、浮草、鹿角苔等。
・平常生活在水邊，只有雨季等這種暫時性生活在水邊的植物——髮草、榕葉等。

一年中，都在水中生活的水蘭

本來就浮在水上的鹿角苔

喜歡濕地的三白草

•本來是陸生植物。不過，也能夠適應水中的生活——細葉皇冠、三白草等。

•陸生植物，本來是無法在水中長期生長的種類——莧草、紅莧草等。

•可以陸生，也可以在水中生活的蕨類、藻類、苔類——鐵皇冠、黑虎蕨、小水芹等。

上述廣泛範圍的生態植物，被當成水草。當然，也會有例外的情形。

一般而言，在水族箱中可以長期予以栽培，可以繁殖的植物就被視為水草了。

在國內，水草的水槽是以水族箱為主流。歐洲所製造的大型水草水族箱，可以種植木賊、紙草等水邊的大型植物。還有，一些喜歡潮濕環境的觀葉植物或山野草。由此可知水草意義之廣泛了。

水草的分類Ⅱ

●形態的分類

水草依其形狀，大致上分為二類。

一類是無莖，從根部呈現放射狀的叢生型。例如：皇冠草、椒草、榕葉等。另一類是有節的莖。這類型的水草，稱為有莖種。例如：丁香蓼、金魚藻、水豬母乳、過長沙等。除此之外，金錢草也是。其他如毛苔草、鹿角苔等苔藻類，其種類也不少。不過，大致上分為有莖種和叢生型二種。

一般而言，這二者的不同是在於有莖種會向上或朝下延伸，途中會有腋芽產生。從腋芽部分開始長出分枝來，開始繁殖。叢生型為一株一株有非常堅實的根，葉數會逐漸增大。此外，還有匍匐莖延伸，繁殖出小株來。叢生型的種類有堅實的根，所以底沙添加型的肥料較有效。但是，在移植方面較脆弱。有莖種種類較多，根部並不像叢生型那麼堅實。因此，便於移植。

栽種方法方面，有莖種採用數株當作後景或中景的佈置。一般而言，很少只用一株來佈置。叢生型可以採用大型種來當作中心植物，或是當作點綴的重點。只需要栽種一株，或是用較纖細的幾株來當作後景。小型者可以任其繁密地成長，當作草皮來佈置前景。

叢生型

皇冠草、椒草等

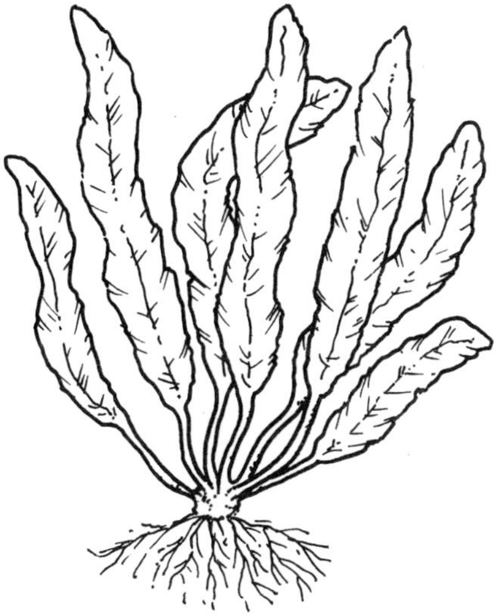

有莖種

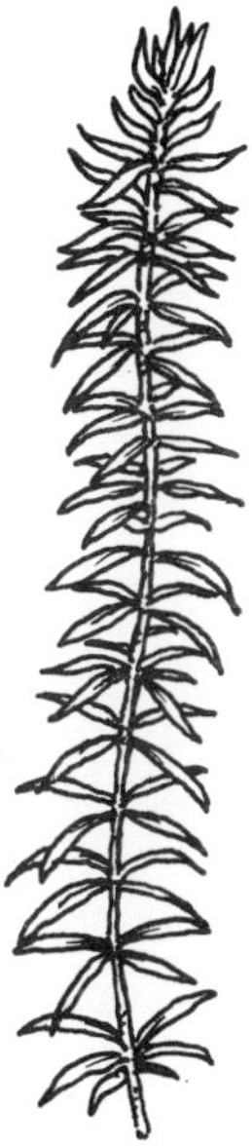

對生

丁香蓼、過長沙等

互生

鳳尾草等

輪生

蜈蚣草、卡羅羅漢草等

關於這二種類型，以下進行詳細的區分。叢生型者，如皇冠草、小水蘭、慈菇等，還有從根部會長出一根走莖。而且，開始由小株者繁殖，這是一般普通的叢生型。榕葉等，從根部會有橫向的伸展。睡蓮、香蕉草、海帶草等，擁有球莖（根莖、塊莖等）。小水芹、鐵皇冠等，是屬於水蕨類。

蝴蝶草、丁香蓼等是普通的有莖種。卡弟山梗菜、綠色山梗菜等，葉數看來較少，乍看之下為叢生型；隨著成長，莖也會開始延伸。皇冠草、羅絲草也會從旁邊延伸出莖來。

這些分類係依其生長方式的不同而分類，然而實際上，它們的生活型態在原產地又不一樣。叢生型的種類，大致上就這麼變大。依照種類的不同，有的在正中央會有長柄的花芽，長出花來。

擁有球莖的種類，最初會長出水中葉；不論是哪一種，都會形成水上葉。海帶草一眼看來是屬於叢生型和球莖之間的類型，其習性也是如此。浮葉形成時，還是維持叢生型，依靠水中葉來生活。

大致上，榕葉被列為叢生型，會伸展出橫向的莖。但是，和有莖種相比，莖上的節較短，葉子較茂盛，而且較大。寬邊菊葉草等水蕨類的叢生型，以及鐵皇冠、榕葉會橫向伸展，這二種為其共同特徵。葉腹面有孢子，葉緣會長出許多的小株來。有莖種會從水中開始往水面伸展，長出芽來。當它長出水面而不予理會時，會形成水上葉，再往上伸展。浮游性的有莖種在水面會折斷，形成漂浮狀態，然後，朝水下伸展。山梗菜這種類型，莖會伸出水上，如果置之不理，就會在水面之上開花。

還有一種匍匐的有莖種。一般而言，只有葉子伸出水上，大都生長在水淺的地方。而且，是生長較茂盛的類型。

叢生型

皇冠草類

小株的椒草

有莖種

最具代表性的有莖種，丁香蓼

浮遊性的金魚藻

水草的分類Ⅲ

水草要如何分類呢？

●植物學的分類

分類學上，水草的種類非常多。不過，大多數的種類都是屬於陸上植物中，尤其適應水邊的種類，這些種類能在水中養育，就被當作水草來栽培。通常，這些植物體是在較特殊的環境中培養出來。因此，即使是科別相同的水草，其栽培方法也不太一樣。

在分類學上，水草大致分為苳苔草、鹿角苔以及一般水草栽培上幾乎都不會採用的球藻、水綿等的藻類，還有鐵皇冠、黑虎蕨、小水芹、水蕨等的蕨類，其他還有許多的維管束植物。

維管束植物中，水生植物較大的族群有榕葉屬、椒草屬、彩葉芋屬等天南星科。皇冠草屬、慈菇屬等澤瀉科。苦草屬、水蘊草屬、水篩屬等水鼈科。蝴蝶草屬、青紅葉屬、水豬母乳屬等千屈菜科。芋仔頭、萍蓬等睡蓮科、海帶草科。還有，族群較大的水甕科、丁香蓼科等。其他的族群中，例如：過長沙、美克草屬等玄參科，都是屬於陸生種植物。其中有一部分可以當作水草。其他像是金錢草屬的繖形花科，水田芥的十字花科，三白草的蕺菜科等，也都是已經馴化的陸上植物，也被視為水草。

毛苔草是水陸兩生的苔類

黑虎蕨是具有獨特型態的蕨類植物

水草的分類Ⅳ

●水草的名字

如前文所述，水草就像其他的生物一樣，有目、科、屬、種的分類。而且，各種種類有其學名。大家在水草專門店會看到水草的專用名稱，以及英語名稱、中文名稱。甚至在圖鑑上可以看到標準的中文名稱、改良品種的品種名。當地的輸出業者或大盤商在輸出、輸入時所使用的花或名單之名稱。還有，有些種類的地方名，而使一種種類有許多名稱。甚至有些水草會因氣中葉或水中葉的姿態而改變，而又有不同的名稱。因此，難以辨別。

一般而言，大都是採用專門店的通用名稱，本書也是如此。不過，有些專門店為了預防通用名稱的誤解，所以較通俗的種類會標上學名來販賣。

這時，初入門者會誤認為這是珍貴的種類。甚至有些專門店會同時販賣同一種植物的氣中葉和水中葉，乍看之下，會以為這是二種不同的植物。為了避免發生這些問題，不見得需要記住所有種類的學名。只要大致了解即可。

一般是以通用名為主流

水中葉和氣中葉

大多數水草的葉子都是長在水面上，只是暫時性地生活在水中。對於植物而言，生活在水中時，會因為水的緣故，而遮去陽光。因為光量的減少，水中的CO_2的比例也會比空氣中少。

因此，對植物而言，並非很容易生活的環境。大多數的水草為了適應水中的生活，只好生出水中用的葉子。

在水草栽培中，最初的難關就是由氣中葉變成水中葉。如果有豐富的光和CO_2，在這種環境下栽培。那麼，植物就能夠順利地移植到水中。因此，必須要有強光和添加CO_2。水中葉和氣中葉的形狀並沒有很大的不同。通常，比較容易長出水中葉的種類，會比較容易栽培。

節節菜的水中葉和氣中葉

水中葉比氣中葉的葉片小，莖較細為其特徵。

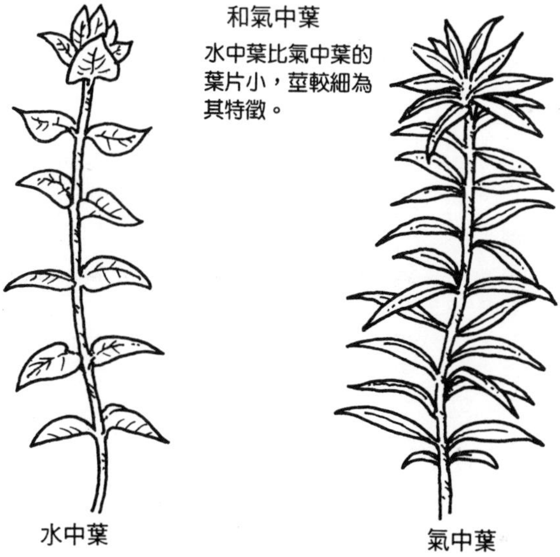

水中葉和氣中葉的不同

反之，不容易長出水中葉的種類，就是屬於難栽培的種類。在這其中，像是卡弟山梗菜，一旦其氣中葉枯萎，就會溶化，而長出水中葉。因此，不要看到氣中葉枯萎，就認為它已經枯死了，就丟掉了。

在水草農場中，大都是採用氣中葉的種類來栽培。市售的水草大都也屬於氣中葉。只有在水草專門店中，才可以買到高價的種類和水中葉。相同的種類，水中葉在處理上會比較麻煩，所以價格會比較昂貴。但是，要移植水中葉時，會比較簡單。所以比較昂貴的種類和比較難以栽培的種類，最好還是購買水中葉。

此外，氣中葉和水中葉的樣子會稍微不同，所以如果不了解水草的名稱與其水中葉，可能會認為是不同的種類而誤買了。

卡弟山梗菜的水上葉一旦枯萎，就會生出水中葉

第二章
基本佈置

佈置的基本

創造自我的水中空間

水草水族箱的佈置其實並不難。依照自己的喜好，採用自己所喜歡的水草來栽培。享受創造自我水中景觀的樂趣。不過，無論如何總是要了解栽植方法的基本。在此，請你務必記住以下數點。

●立體的佈置

一般而言，佈置水族箱時，是在最後面種植最高的水草，當作「後景」。然後，再把較低的水草種在前面，當作「前景」。在這之間，種上中高的種類，當作「中景」。但是，一般規格的水族箱，很可能並不容易種上後、中、前三種種類的植物。

基本上，能夠靈巧地分成後景、中景、前景，就能夠佈置出立體感的景象。一般而言，後景大都採用有莖種或水蘭等帶狀，或是圓錐型的叢生型水草等。

後景的種類是使用有莖種，植物下部的葉子會掉落，而露出根部。為了予以掩飾，而種植中景植物。中景植物的根部，就靠前景植物來掩飾。

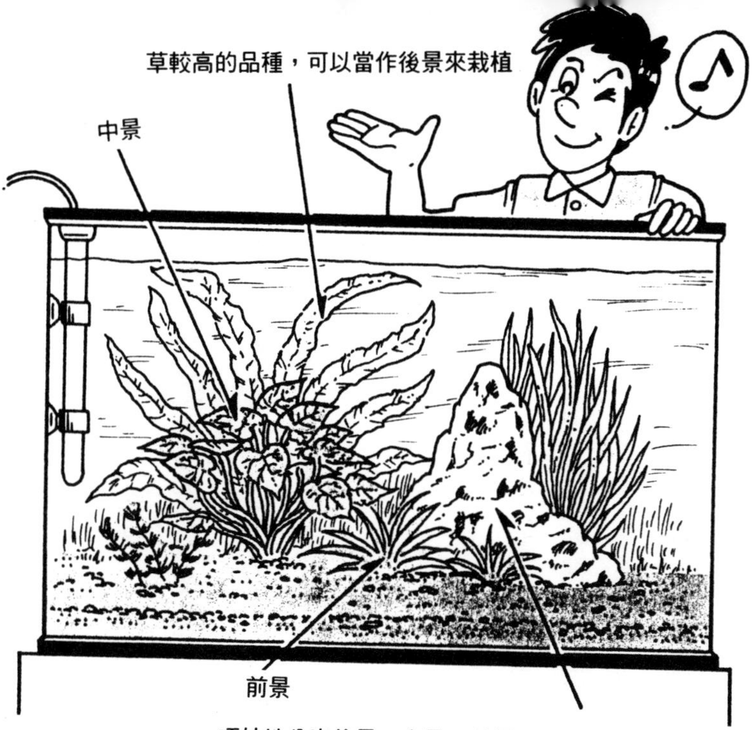

巧妙地分出後景、中景、前景，可以佈置出立體的景觀

●葉的顏色和型態的改變

有些人會在水箱中完全種上紅色的水草，或是全都是細葉的水草。這是對於水草有所偏好的人，才會這麼做。但是，一般人在種植水草時，都會採用數種種類來佈置。相似的種類最好不要種在附近，要佈置成有高低起伏的景緻。

如果把金魚藻、卡羅羅漢草、水杉等並排種植，把顏色、型態類似的種類佈置在一起，容易混淆，而且不容易佈置出立體感來。這時，最好是在中間穿插佈置紅色的卡羅羅漢草，如此一來，就可以展現出不同的氣氛來。

此外，整個水族箱的佈置必須要有重點的點綴。在水槽的正中央，用完全不同種類的水草來當作中心植物。皇冠草、椒草、睡蓮等，經常都會被採用。葉子較大的有莖種也很好。雖然稱之為中心植物，但是並非真的置於正中央。最好是朝前後左右稍微偏移較佳。

產地別的佈置

有主題的佈置

這是稍微有點狂熱型的佈置。熱衷於原產地，只收集某產地的種類，而佈置水族箱。如果再加上魚類，就更加完美了。

●南美

亞馬遜產的水草，最普通的是皇冠草。如果採用皇冠草來佈置水箱，當然可以採用大且富於色彩變化的皇冠草；但是，似乎稍嫌寂寞。如果再採用南美產的紅色卡羅羅漢草、綠紅葉等的紅色水草，擴充其範圍。再利用北美產

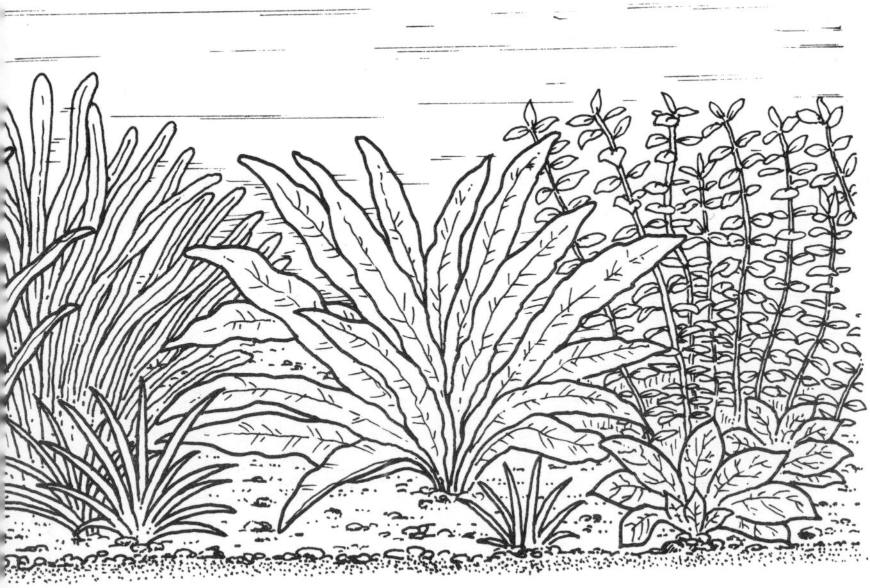

南美的佈置以皇冠草為主

的丁香蓼等有莖種，會更加有趣。

可以使用大棵的亞馬遜皇冠草當作中心植物。一般而言，魚可以採用小型的四齒魨魚。如果再加上神仙魚或脂鯉，水族箱會顯得更加熱鬧。

●北美

通常，很少輸入北美產的熱帶魚，但是意外地，水草卻很多。丁香蓼、慈菇、卡羅羅漢草等，都是北美原產的水草。

其他如卡弟山梗菜、三白草、水玫瑰等，是形狀較具趣味的有莖種。

因此，可以使用較有趣味的水草來佈置中景至前景。

由於北美輸入的魚較少，可以採用太陽魚來取代。

北美的佈置很意外地，可以使用的種類非常豐富

●東南亞

通常，利用椒草佈置前景至中景，後景則可以使用有莖種。中間可以種植水蘭或有帶狀葉的椒草，這是基本的佈置形式。

採用荷根、芋仔頭等睡蓮屬的水草，也能夠增添東南亞的氣氛。

後景採用紅松尾、小圓葉、柳葉草。中景至前景再利用虎耳、小幸運草來佈置。當然，也可以使用東南亞產的水草。但是，也可以利用一些類似東南亞有的有莖水草來佈置。

魚則利用正三角燈、四間鯛的鯉科，再增加麗麗、鬥魚、小型的鯰魚、蝦子，也可以營造出東南亞氣氛。

東南亞的佈置採用睡蓮、荷根類，會比使用椒草的有莖類更加有趣

●非洲

非洲最具代表性的水草，就是榕葉。這些獨特的深綠色的葉子，成長較緩慢。當然，只採用榕葉種類的水草來佈置，也會很有趣。

前景採用納納榕葉，中後景採用芭蒂榕葉等大型種。後景則採用格拉榕葉這種葉形不同的種類，會較適合。

此外，也可以採用有斑紋的品種，使色彩更富於變化。像這樣的佈置幾乎不需要修剪，因為其成長較緩慢；只是要讓它生長得較濃密，需要花較多的時間。此外，雖然並非產於非洲，也可以放入多條的能夠食苔的小精靈，再加上最適合西非景色的剛果魚，再利用沉木，也能夠使小型的旗鰻存活。

除了榕葉以外，馬達加斯加最多的海帶草、

非洲特有的佈置，可以使用非洲特有的深綠色

日式的佈置，可以參考自然的風景

蝴蝶草、泰國芋仔頭、王草等，也可以當作中心植物來使用。

●日式

利用水蘭當作後景，然後，用金魚藻、四輪水蘊草等藻類，來佈置成充滿綠意的日式水族箱。前景可以採用鹿角苔、毛苔草、髮草等。

與其讓水草密生，倒不如採用沉木和石頭，並使毛苔草和鐵皇冠陳列於其上，製造出盆栽的風味。還有，荷根、泰國芋仔頭等，雖然不是日本產，但是也很適合用來佈置日式的水族箱。

魚當然儘可能採用日本產的淡水魚，其中以棘魚最為漂亮。

存活類型的佈置

何謂存活

毛苔草、鐵皇冠、納納榕葉、黑虎蕨等水草，要使其存活，就是將其固定在沉木、石頭上。然後，使其根部附著在表面上。

掉落在水邊的沉木和石頭，會有苔類或小草附著在上面，形成另一種水草世界。在水族箱中，存活在沉木或石頭上的水草，能夠製造出獨特的氣氛。這也是一種予人自然感覺的佈置。此外，有些大型魚會拔除水草。在這種水族箱中，採用此存活技術，可以享受水草的樂趣。

存活的方法

存活並不是非常困難的技術。在水草長根之前，不能夠移動水草。而且，要用線或釣魚線把水草的根綁在沉木或石頭上，然後，置於水槽中任其自由生長。當然，有些種類需要費時二～三個月，才能夠存活。在這期間植物會長芽，漸漸地延伸出來。如果不予以固定，可能就無法長成自己所需要的形狀。

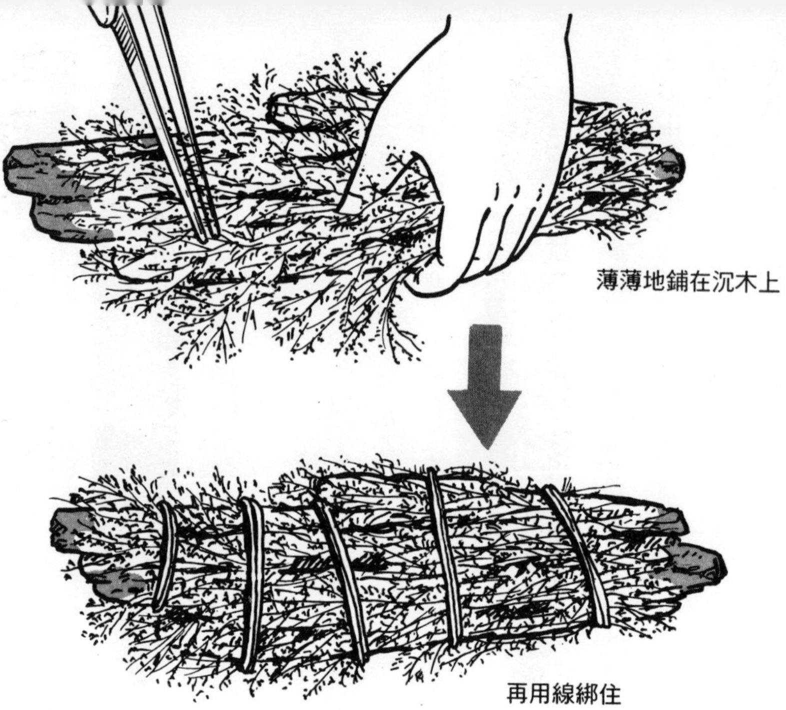

存活的方法

綁線的種類不拘。通常是使用在水槽中不太明顯的線即可，黑線最好。當然，經過一段時間以後，可能線會爛掉。還有，鹿角苔是無法存活的，所以必須一直固定著。這些種類就必須使用釣魚線較適合。

鹿角苔或芼苔草薄薄地鋪在石頭或沉木上，再用釣魚線綁住。剛開始時，會想要把它綁緊，但是，一旦量太多時，就會腐爛。反而無法存活，所以只要薄薄地鋪上一層即可。

綁的時候，要注意不要綁得太緊，以免傷到根部。這是最重要的。反之，如果綁得太鬆會移動，因此要自行拿捏。

可以依照自己的喜好，在一根沉木上栽種不同的水草；不過，這種栽種結果並不好。如果是芼苔草加上其他種類的水草，如此栽種二種水草會較適合。

水草水族箱

樂趣無窮的水草水族箱

一般所說的水草水族箱，就是在水箱中加入充分的水的水族箱。最近盛行用玻璃或壓克力容器來栽培觀葉植物或者仙人掌，稱為植物箱。在這之間，不只有水槽，也有陸地，稱為水草水族箱。

在有水的地方栽種普通的水草，在陸地處則栽種氣中葉水草，或是觀葉植物等。如此可以呈現出水邊的景色，具有其獨特的風味。除了觀葉植物以外，也可以使用喜好濕氣強的小型蘭、山野草等各種植物，充滿了魅力。

基本的佈置是使陸地部分減少水，利用沉木和石頭使其突出於水面。同時，利用過濾器和水中馬達使水從陸面湧出，並使用水耕栽培用防止根部腐爛的藥劑，置於底層。再採用脫水板或水苔，以及熱帶魚用的砂礫（底砂）來當作陸地用土。甚至市面上也售有水耕栽培用土，會使水質產生變化，因此，最好是採用前述的物品較佳。

栽植在水中的水草，利用普通的水草即可。如果水並不深，有莖種的水草成長速度很快，在修剪時會較麻煩。反之，如果不修剪任其伸出水面、長芽，就能夠營造不同的氣氛。一般而言，睡蓮能夠產生水上葉。此外，浮葉的水草就非常適合。

在陸地所種植的水草，大都是氣中葉的水草。市面上都有販賣。但是，如果這些種類完全乾燥，就會枯萎。因此，要經常為其澆水。一般而言，水草要隨著修剪，而慢慢地從水中往陸地上長；觀葉植物也會逐漸從陸上長入水中。例如：苲苔草、鹿角苔經常保持表面的濕潤，只要置於沉木或石頭上，就能夠漂亮地完全覆蓋。一般陸上的種植植物，從盆中取出，把根上的土完全洗淨，然後再種植。

魚類如四齒魨魚、三角燈等，這種小型的魚不須置於深水中，就可以存活。只要維持一定的水質，就能夠健康地存活。不過，要注意不要讓魚跳脫了。有時候，可以同時養蜥蜴或青蛙等兩棲動物，也很有趣。

水草水族箱

第三章
實踐陳列

選擇水箱

材質的選擇

一般而言，水箱分成玻璃製和壓克力製二種。玻璃製的水箱，是利用四～五片（底部也採用玻璃）玻璃，用硅膠接著劑來接黏。上下則用補強框來補強。最近，最受歡迎的是有弧度屈面的玻璃水箱。這是用一片玻璃作出九十度的彎曲，前面沒有硅膠接合的部分。

壓克力製的水箱和玻璃製的水箱一樣，是採用五片壓克力板，用壓克力的接著劑來接黏。壓克力製的水箱比較容易加工。一般而言，可以特別訂做，而製造出各式各樣的水箱。和大型的玻璃製水箱相比，其成品較輕，價格也較便宜，此為其優點。尤其在種植水草時，採用比規格水箱更深更高者，會便於佈置。而且，為了要採用更多的螢光燈，特別訂做的壓克力水箱很受歡迎。

壓克力的材質，黏度較高，不容易破裂，此為其優點。但是，一般價格較便宜者，都是比較粗糙的壓克力板所製成，比較容易破裂。此外，壓克力製的水箱比玻璃製的水箱好，沒有接著部分。

但是，缺點是壓克力較軟，容易刮傷。尤其在要去苔時，一不留意就會刮傷。對於容易長苔的水草水族箱而言，這是一大缺點。

水槽的種類繁多，各有其優點

玻璃製的水箱，只要是六十公分以下的規格水箱，都能夠以很便宜的價格購得。而且，利用市售的去苔壓克力三角定規刮除苔，也不會刮傷，這是最大的優點。缺點則是因為有硅膠的接黏部分，會妨礙觀賞。還有，比壓克力不耐衝擊。

超過九十公分的大水箱，就會很重；而且，價格比壓克力水箱來得貴。

最受歡迎的水草用玻璃水箱，為６０×４５×４５㎝的玻璃水箱

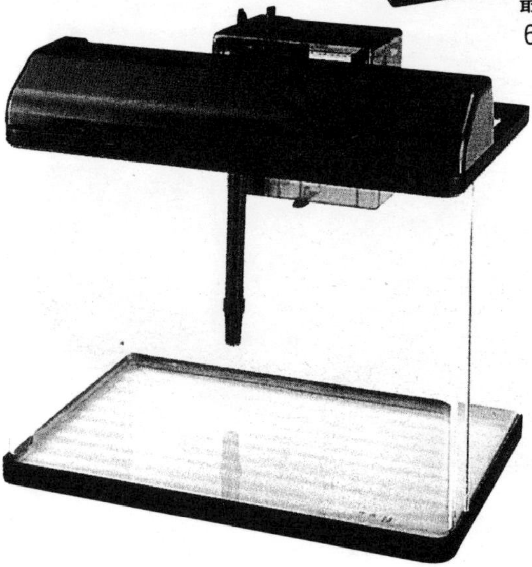

使用容易買到的小型水箱，來享受水草的樂趣

一般而言，六十公分以下的規格水箱，最好是買玻璃製的水箱。

如果超過這以上的大水箱，最好是採用壓克力製的。

形狀的選擇

佈置水草時，最好不要使用太小的水箱。深度、高度都要足夠，才能夠創造立體感。而且，也比較容易佈置。此外，即

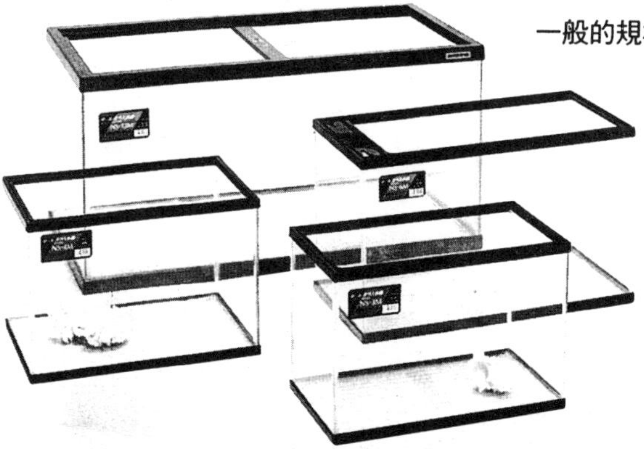

一般的規格水槽

最近，最受歡迎的室內裝飾水槽；
應用其高度而進行佈置

使是同寬的水槽，也要夠深，才能夠擺上較多的螢光燈。因此，栽植水草的水箱，最好是比市面上銷售的規格水箱較高且較深。

但是，如果水箱太大，在維護上會比較困難。而且，周邊器材的花費也會較高。因此，本書是針對初入門者為對象。首先，採購比較容易買到，而且周邊器具豐富的六十公分的玻璃水箱。特別是想要趁機飼養熱帶魚的人，或是想要真正創作水草水族箱的人，與其採用六十×三十×三六公分的水槽，倒不如利用目前容易買到的，玻璃製的六十×四五×四五公分的水槽，或是直接採用六十公分水槽的器材。

完整的水箱

照明器具的種類

要先配置雙燈管

一般的水箱都採用螢光燈來當作照明裝置。螢光燈從三十六公分的水槽開始，有不同的尺寸。

不過，通常只配置一根螢光燈管。這對於水草水族箱而言，算是太暗。要使用能夠裝上雙燈管的水槽，才能夠有效地使用。採用雙燈管的配置，比較方便。六十公分的水槽，是使用二十W×二的雙燈管，可以培育大部分的水草。

栽培喜歡強光的水草種類時，或是水草濃密生長時，就必須要使用二套雙燈管。六十公分的水槽，使用二十W×四的照明，最為理想。

在水槽上面，有效地使用雙燈管

最初的水箱，要使用一套雙燈管的照明設備。當水草的量增多，或是水草下面的葉子掉落時，比較低的水草照不到燈光，這時，就需要追加燈管。皇冠草、柳葉草等比較強健的種類，大致上，只要一根螢光燈管就已經足夠。

而且，能夠養得很好。但是，如果要種植各種各樣的水草，就必須要裝置雙燈管。

此外，對於水草而言，光量越多越好。也許你會認為，那就多裝幾根燈管較好。但是，實際上其關鍵是在於光量、肥料，以及CO_2的平衡。當其平衡崩潰時，就容易長苔。水草的生長也會遲緩，而且會矮化，長得不好。如果不添加CO_2，只是提高光量，會很容易長苔；反而會使水草枯

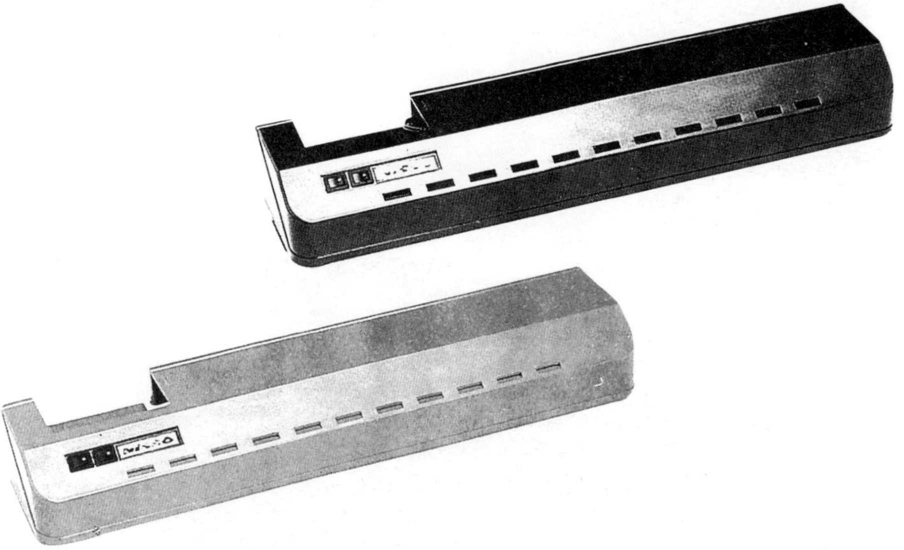

一般的60cm水槽所使用的雙燈管

萎。

燈的種類

市面上販賣的螢光燈雙燈管，大致上，都是綠色和紅色的雙燈管。綠色的燈管會使水草看起來更加鮮綠；紅色的燈管會使紅色的水草，或是魚的身體顏色看起來更加鮮艷。無論如何，較適合水草的燈管是藍色，可以照得更深。海越深的地方看起來越藍，所以綠色系的燈管會比較適合水草。不過，只使用綠色系的燈管，看起來會有朦朧感；紅色的水草看起來就不紅。因此，就觀賞的角度而言，必須併用綠色系的燈管和紅色系的燈管。最近，也有人販賣其他的養育水草的燈管。

小型的雙燈管依其使用方法的不同，
也可以有效地用在其他的水槽

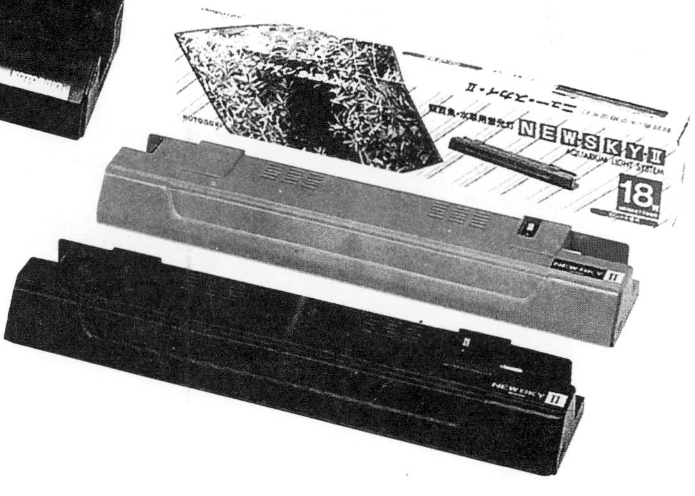

要追加燈管時，除了前述的二種類型以外，還可以追加採用比較接近日光的太陽燈管。

除了螢光燈管之外，其他的都是比較特殊的燈。例如：鹵素燈、水銀燈等，都被利用在照明上。這些燈通常都被安裝在天花板或牆壁，價格較昂貴。不過，比起螢光燈而言，其光的穿透率較高，可以照得較深。對於大型水箱而言，更具效果。此外，如果水槽上是空的，沒有會引發溫度上升的裝置，這種燈也是非常有效，且具有魅力。況且，不像以前一樣，必須以高價由國外輸入。

最近，適合家庭用的製品，已經可以隨處購得。現在，大致上，只有展示用的水箱，或部分的水族狂熱者才會使用。但是，這種照明設備在不久的將來會非常普及。

最近，容易取得的小型水箱用的雙燈管

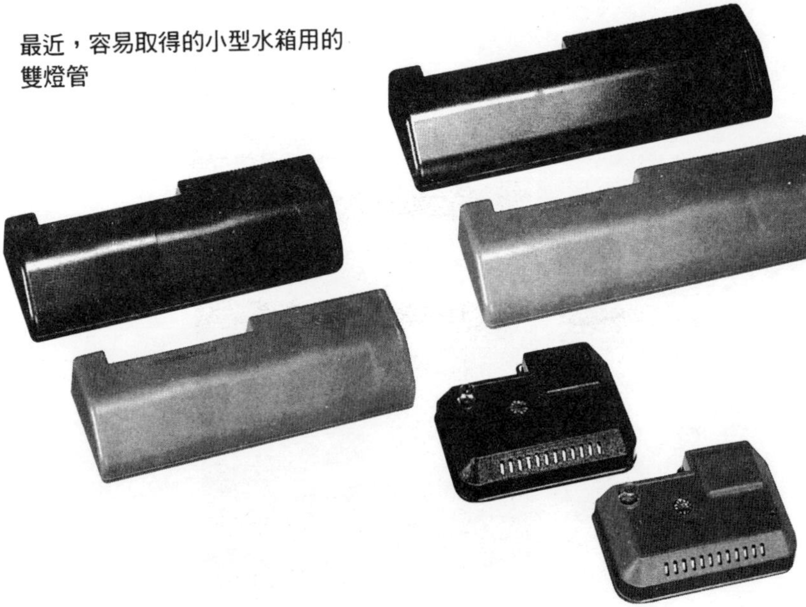

螢光燈的種類

理想的過濾

過濾的條件

所謂過濾，即水經過過濾，而變得乾淨。水箱中會有魚的排泄物、殘餌以及枯萎的水草等，有許多垃圾。

過濾，不只是過濾掉這些垃圾。而且，也是培育能夠分解這些垃圾，使其成為硝酸鹽等氮化物的過濾細菌的地方。雖然水草具有淨化作用，但是還是要過濾。此外，當水箱中積存垃圾時，這時水中的氮素會增加。雖然這是水草的肥料，但是這也會引發苔。因此，必須定期地清掃過濾槽中的老廢物。

小型水槽使用方便的內部式動力過濾器

水草水箱的過濾，要具有過濾效能高的作用，卻也要注意到，不要使添加的CO_2流失掉。要儘可能地讓培育的水不要接觸空氣，採用這種構造的器具，是最重要的。使用幫浦類型的過濾器，如果再添加CO_2，是毫無意義的。最好是不要使用這種類型的幫浦。此外，採用會使水產生氣泡的幫浦，而使水暴露在空氣中。因此，在使用上部的過濾時，要讓水能夠靜靜地流入水面。讓水能夠流至下部。

許多的過濾器中，最適合水草的，就是動力過濾器。動力過濾器區分為過濾槽裝在水箱中的內部式，和放在水箱外的外部式。不論是哪一種，都能夠使飼養的水不會接觸空氣。如此一來，可以避免CO_2的流失。內部式的過濾槽在水箱中，會導致栽培水草的場所變窄，這是缺點。

水草水箱的過濾有如前文所述，必須要有防止CO_2流失的構造。這是非常重要的。要儘量有讓底砂中的水循環的構造。這是最理想的。由於水草的根部會伸展在底砂中，導致這地方容易沈積垃圾，如果水不循環，則惡性的細菌會繁殖，導致根部腐爛。

由底面的過濾，使底砂中的水能夠循環，以底面過濾器最適合。普通的底面過濾器屬於氣揚式，一般都是連接空氣幫浦的類型較多。不過，最好是使用連接動力過濾器的底面上揚式的裝置較佳。

如果附加馬達的底面過濾器，像這種底面吸取式的過濾方式，會導致底砂變成濾材。底砂就容易蓄積老廢物。即使再如何勤加換水，水草的根部、底面過濾器下方，都會囤積垃圾。這時，必須經常搬出箱中的東西，進行大掃除不可。

過濾器的種類

連接動力過濾的底面上揚式的裝置，可以經由動力過濾的過濾槽去除大的垃圾。經過一次過濾後的乾淨的水，慢慢地經由底砂，再進行生物性的過濾。過濾的效果非常好。而且，過濾器材的掃除，只需要進行動力過濾器即可，非常簡單。不過，動力過濾器是定量的，會因此而使流量減少。由於底面上揚式使用時，水槽內的水幾乎無法循環，所以最好採用比水箱高一級的流量，如此進行較佳。

使用水中馬達的底面吸取式的過濾時，底面的過濾器會吸入垃圾；所以這時必須併用動力過濾和上部的過濾。這時候，底面的過濾器最好採用揚水量較大的機種。不論是底面上揚式或吸取式的過濾盤，都會隨著時間的流逝，網目出現部分堵塞而不通。所以最好併用加熱器，會產生更好的效果。

此外，後文中將會敘述，動力過濾器連接管子類型的擴散筒，是一種可以因應各種情況的動力過濾器。

CO_2的添加裝置

CO_2瓶

CO_2大致分為幫浦式的罐裝和桶裝。使用罐裝的擴散筒，只要連接空氣幫浦；馬上就可以使用，非常簡單。價格也很便宜。但是，無法持續添加。只能夠使用填充式的擴散筒。小型水箱或水草的數目較少時，以及並不需要CO_2的水草較多時，可以採用這種方式。和桶裝的CO_2相比之下，其內容量只有十分之一。不適合正統的水草消遣者來使用。

桶裝者的作業效率很好，但是，在使用時必須購買調節器。調節器的價格稍高，但是也可以

經濟的CO_2筒
可因各種形式的不同，而有不同的調節器。

輕便的幫浦式CO_2筒，有相同規格的送氣管，非常方便。

應用各種擴散筒的周邊機器，例如：控制器、定時器，這也是其魅力之一。

一般的調節器是屬於氣泡式的，可以進行持續性的CO_2的添加。除了擴散筒之外，也有能夠產生氣泡方式的擴散用品。從大型水箱至小型水箱都可以使用。雖然內容量為七十～七十四公克的小型桶是使用的主流，但是，最近市面上也售有大型的一～二公升裝的。

擴散器

買了CO_2的桶或罐，並無法直接使用。必須要使用能夠讓CO_2溶入水中的擴散器。

擴散器可以分為擴散筒、碳酸液類型、強制添加類型等。擴散筒是把CO_2填入壓克力的桶中，利用水壓讓它溶入水中的類型。這時，溶入水

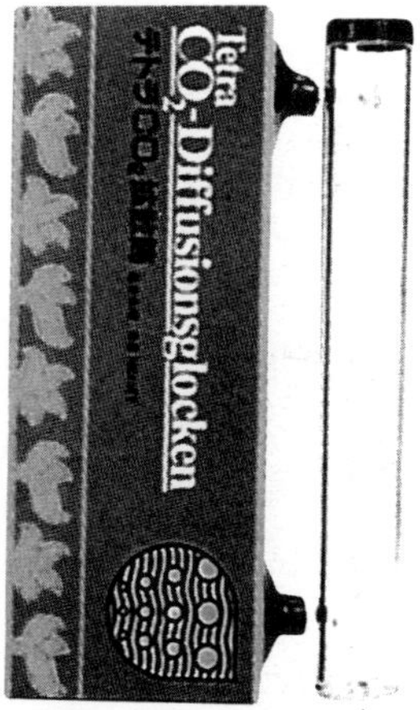

一般的擴散筒。缺點為添加量稍微嫌少。

在管中有CO_2氣泡流動的類型
Tetra CO_2擴散筒

中的量少；而且，上端要附上只能夠讓CO_2通過的特殊布，有各種類型。

一般而言，比其他的類型來得便宜。而且，只要在擴散筒中填滿CO_2即可，也可以使用罐裝的CO_2。

不過，這種類型溶入水中的CO_2的量少。最近，擴散量較多，而且能夠從桶中慢慢地冒出CO_2的氣泡，藉此溶入水中的類型較受歡迎。

還有，像碳酸液這種能夠產生非常細緻的CO_2氣泡的類型擴散器，也很受大家的喜愛。這種類型本體小，放入水箱中不會很顯眼。能夠廣泛地使用，為其優點。

不過，這種細的氣泡一直往上浮出水面。在這過程中，CO_2會溶入水中。但是，如果用來添加小型的水箱，因為水不夠深，經常無法溶入水，而從水面流失掉。

添加量較多的大型水箱用擴散筒

Tetra CO_2擴散筒

（1組有2吸盤，水箱容量為一〇〇ℓ以上）

添加計量器，就可以避免無謂的添加。這種類型的擴散器具，可以使用較細的空氣石來取代。當然，比起專用的器具而言，這種類型者較容易阻塞。因此，必須採用動力過濾器。連接動力過濾器的管子，利用其水流，強制地把CO_2溶入過濾水的類型之擴散器。

這種類型是最有效的類型，能夠把CO_2溶入水中。也有連接水箱外的類型。尤其是有動力過濾裝置的大型水箱等，就經常使用這種類型。使用CO_2桶或擴散器。除此之外，還有添加CO_2時，非常便利的用品。

例如，為了防止停止CO_2的添加時水逆流所採用的逆流防止瓣，還有計算添加量和氣泡量的氣泡計數器等。除了這些基本的用品之外，還有CO_2添加量的定時器和自動裝置，以及停止裝置的控制器。這些都是非常便利的器材。

CO_2系統包含氣筒調節裝置、擴散筒和箱子

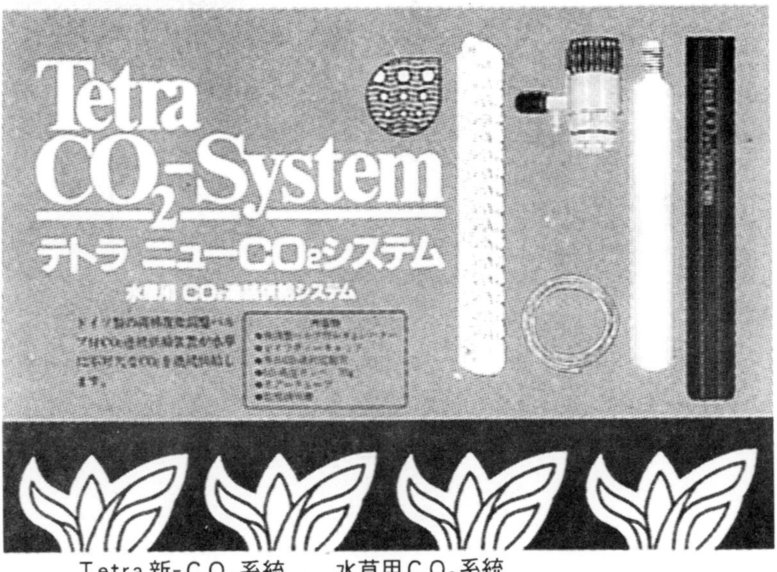

Tetra新-CO_2系統　　水草用CO_2系統

保溫器具的效果

加熱器及調溫裝置

水草水箱用的加熱器是線式的，大都埋在底砂中。利用加熱器加溫的水，在底砂中循環，使底砂的水流動。使用底面過濾器時，效果更佳。

除此之外，養殖爬蟲類時，經常使用的板狀遠紅外線加熱器，也很適合水草水族箱。

調溫裝置有雙金屬式和電子式，其性能都很不錯。

不過，電子式的調溫裝置，放入水箱的部分較少，水溫的設定較容易，這是值得推薦的。水草比較能夠耐水溫的下降，而小型的水箱使用小型的自動加溫器，就足夠了。

冷氣器具

幾乎所有的水草種類都不耐高溫。國內夏天的溫度有攝氏三十度以上。放在密閉的房間中，再加加熱器必須使用調溫裝置，儘可能採用較小的，而且有精密度高的檢溫裝置的電子調溫器。

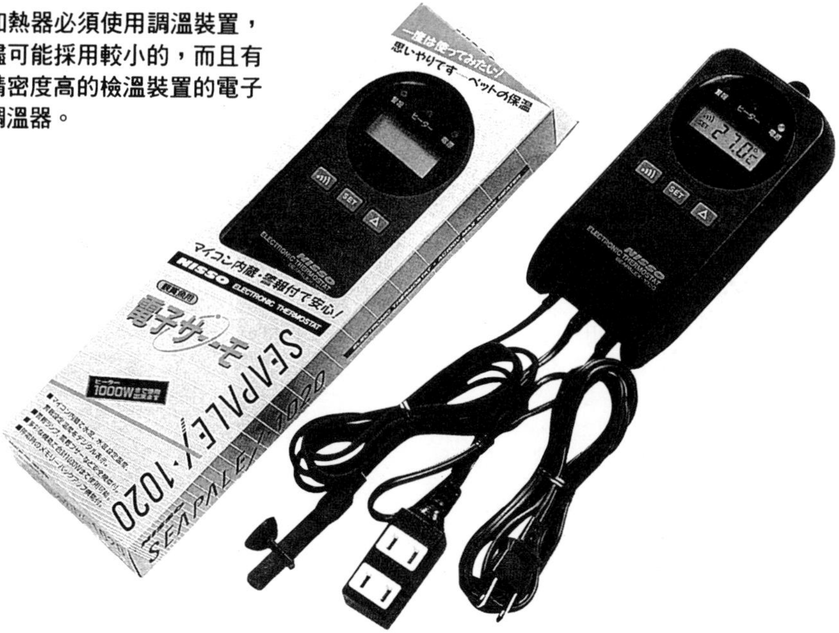

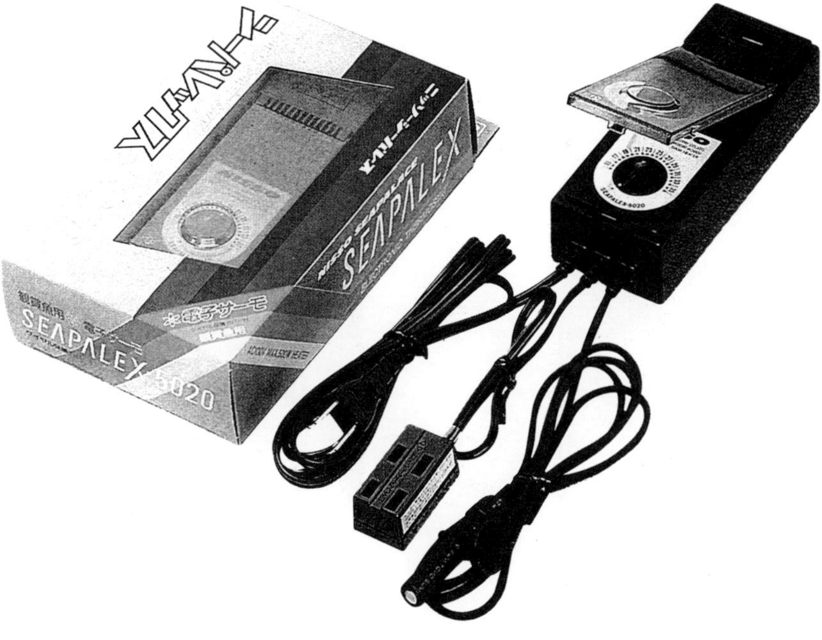

保溫器具的種類

上螢光燈，水溫會很容易就高到40C以上。在這種環境下，大多數的水草都會枯萎。甚至比較強健的種類，也會因此而停止生長。在有冷氣的房間中，水箱有螢光燈，再加上有玻璃蓋著。因此，密閉的水箱中還是高溫。

水箱用的冷氣，器具較屬於大型，價位也較高。此外，放入水箱內的部分較大，一般的水草水箱幾乎無法使用。

一般是把螢光燈往上移動，離開水面；再加上小型的電風扇來降低溫度。可以自行將螢光燈拉離水槽，用繩子吊起來。

一般的小型電風扇，可以輕易地在電器行中，便宜地買到。不過，在一般的專門店也會販賣把螢光燈移高水面的五金器具，還有小型的電風扇。

水箱用冷氣以大型者價位較高

底砂

影響水質的底砂

底砂（砂礫）是水草生根的地方，會影響水質，因此必須謹慎地選用。幾乎所有的水草都喜歡弱酸性的軟水，不喜歡鹼性、硬水，以及石灰質。一般熱帶魚所使用的，是大磯砂或硅砂。實際上，大磯砂是菲律賓砂、北海砂，有好多種類。基本上，是黑色的砂，幾乎不會影響水質。

黑砂是稍帶咖啡色的淺色砂，會使水質呈弱鹼性。除此之外，非洲的熱帶魚喜歡弱鹼性。這時，也可以使用珊瑚砂等。姑且不論珊瑚砂，一般而言，水草水箱大都使用大磯砂。

硅砂濾材鋪石

硅砂使水質傾向鹼性

市面上的專門店都售有大磯砂。從黑色的砂、白砂到貝殼等，甚至混合的砂都有販賣。白色的砂含有石灰質，最好避免採用混有較多白砂的底砂。貝殼較多的砂因為鈣質的溶化，水的硬度較高，最好是避免。不過，無論如何，可以混合各種各樣的砂，只是不要太多，目測即可。

關於顆粒的大小，三～五公釐者即可。如果小於這種尺寸，會很容易使過濾器阻塞，而導致根部腐爛。太大的水草較容易拔起。此外，過分尖銳的砂石，容易傷到水草的根、莖，這都需要避免。砂量大約是十～十公分的高度。一般而言，六十公分的水箱大約採用二十五公斤的砂。

現在，市面上售有數種水草專用的人工煉石砂。當然，對水草很好。但是，只有天然的砂才有。所以經常會混合大磯砂來使用。除此之外，也會有人採用有顏色的砂，增添其變化。

大粒的底砂容易使水草脫離

3～5㎜的顆粒最佳

小粒的砂容易導致阻塞

沉木和石頭

沉木和石頭並非栽培普通水草必要的物品。但是，為了要佈置出自然的景觀，這是不可或缺的。此外，如果沒有沉木和石頭讓苇苔草來存活，就無法佈置出水中的世界。

一般而言，在石頭的專門店販賣的，只要不是珊瑚岩，大致上的石頭都不會有問題，也可以自行採集。白色的石頭含有較多的石灰質，紅銹色的則含有較多的鐵分。砂岩、泥岩容易溶化，造成水質改變，所以最好避免使用。大致上，花崗岩和不會影響水質的火成岩較適合。

此外，也有販賣沉木的專門店，在這裡購買比較安全。不過，也有一些處理不當，無法沉入水中，會釋出油脂的沉木，而導致水變成混濁的咖啡色。咖啡色的混濁水質，呈現弱酸性。油脂會使螢光燈的光量減半。此外，導致水無法與空氣接觸，水混濁而影響了觀賞。因此，在買了沉木，要放入水箱之前，最好是先放入水桶中，試試看是否有油脂，或者是否會褪色。

如果沉木無法沉入水中，或是有油脂或褪色時，可直接浸泡在水桶中二～三週；也可以直接浸泡在水中，或置於琺瑯鍋中煮過；或者用沸水燙過處理。

通常，沉木都是產自菲律賓。當然，也有國產的。處理不當的沉木，大都是國產品。但是，一般國產的沉木，形狀比較有趣，表面也比較軟。用來栽種水草，其存活率較高，根部也長得比較快。

水箱臺

要注意強度

水箱中有水和沙子，看起來很重。尤其是水草水箱的砂礫較多，比普通的水箱重。六十公分的水箱，水約五十公升，大約有五十公斤。再加上二十~二十五公斤的沙子，以及附加過濾器、螢光燈，重量共約七十~八十公斤。九十公分的水箱，大約有三百公斤左右。一百二十公分的水箱，就接近六百公斤。

較受歡迎的室內裝飾水箱，都有專用的櫥櫃。水箱廠商也製造了專用的檯子，在強度方面可以令人感到安心。整套的水箱，連檯子的設置，都非常簡潔。適合當作室內裝置，價格

專用的水箱檯，可以安心使用

較高。但是，一般而言一個檯子只能夠放一個水箱。此為其缺點。

角鋼檯，通常是用角鋼製作的。分成上下二層，可以放置二個水槽。一般而言，在熱帶魚的專門店中可以購買得到，其強度可以令人安心。一百二十公分以上的大水箱，這種雙層檯架，就必須要考慮地板的強度了。最好和木工商談。價格上，六十公分的水箱之檯架，會比櫥櫃式來得便宜。大型水箱用的價格，就沒有多大的差異。

除了專用的水箱檯和大型的水箱之外，一般也可以採用堅實的傢俱，或是角鋼組合的傢俱，來當作水箱檯。大致上，一般的櫥櫃都有四十五公分深。但是，如果放置九十公分的水箱，會有無法搬動或門無法打開的情形。除了專用的水箱檯之外，利用一般傢俱來放置水箱的時候，最好是放置六十公分大的水箱。六十公分大的水箱一個人就可以搬動，如果無法上抬，最好是不要使用傢俱當作檯。四十公分以下的小型水箱，只要使用便宜的組合櫃即可。

太重會導致櫃子的門無法打開，這一點要留意

其他的裝置

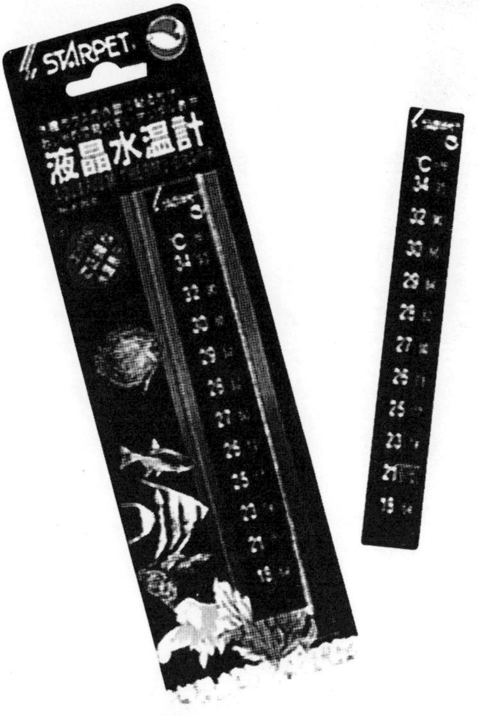

為了便於察視，而使用液晶式的水溫計

●水溫計

最近的電子調溫裝置只要設定水溫，根本就可以不需要使用水溫計。但是，如果有水溫計，就可以確認調溫裝置是否正確運作。

還有，恆溫式的調溫裝置，如果沒有水溫計，就無法設定水溫。

●中和劑

一般而言，自來水為了殺菌而混入氯，飲用了不會有害。但是，對於採用深呼吸的魚或蝦而言，會造成傷

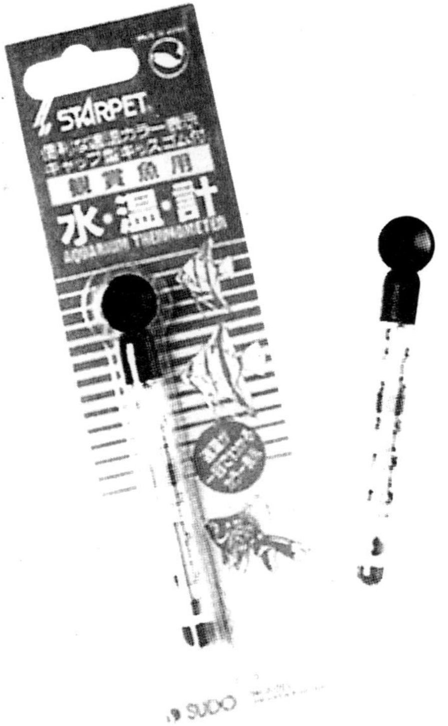

一般是玻璃製的水溫計

害。因此，必須要用中和劑來中和去除。然後，再放入生物。使用中和劑，必須嚴守其量。尤其這並不是針對疾病的藥物，但是使用過量，也會造成傷害。

●去苔

苔容易附著在玻璃上，即使不是水草水箱，也是令人感到厭惡的。市面上售有各種去苔的製品。依照其類型，可以分為利用磁石夾在玻璃的內外二面之擦板，也有壓克力的三角定規等；以及帶柄的海棉刷。

一般而言，玻璃水箱可以使用任何上述的一種。但是，壓克力水箱容易刮傷，因此，最好採用壓克力製的去苔製品。或是壓克力水箱專用的海棉類型之製品。

使用前，先在水箱後面處試過，然後再使用。還有，玻璃水箱使用去苔擦板時，要注意不要夾到砂礫，否則也會刮傷玻璃。

●底砂吸塵器

這是可以插入底砂中的管狀器具。用來吸取底砂中的垃圾，而且不會把砂子吸入管中。這是不能翻攪底砂的水草水箱的必須品。

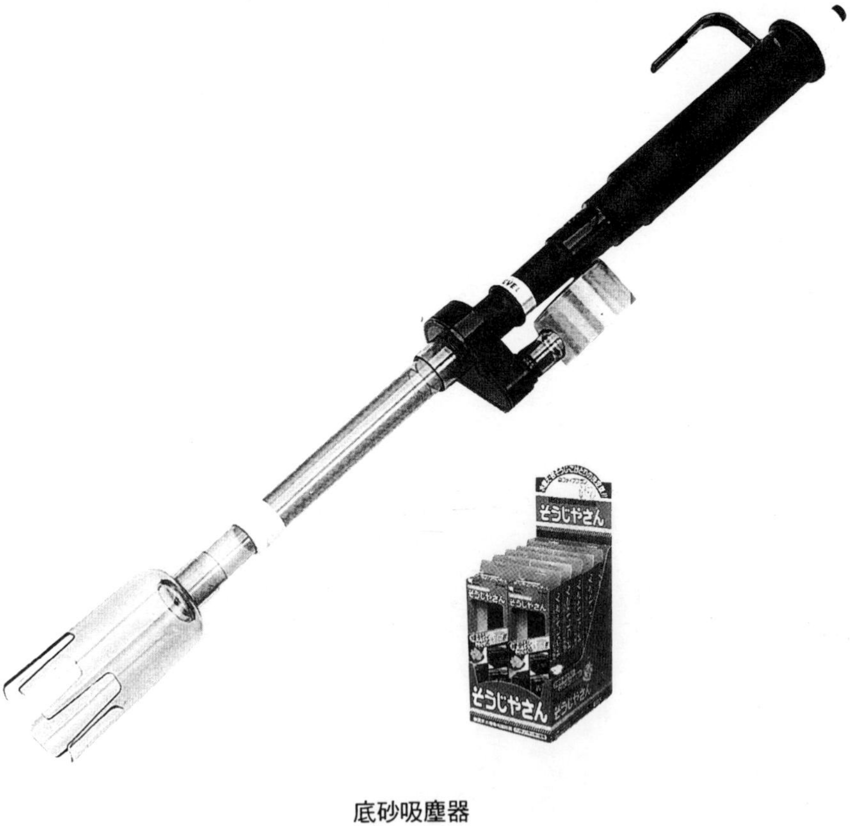

底砂吸塵器

第四章
維持的技巧

水草的處理方法

重要的處置

水草的處理並不困難。其成長比普通的植物快，因為是使用小的容器來栽培，所以必須去除其過分生長的部分。這就是所謂的處置，也是水草水箱最麻煩的工作。

根據種類的不同，有些成長較快的種類，大約一個星期要進行一次的處置。否則，會馬上伸出水面，長出葉子。只要稍微偷懶，水箱中的水草佈置就會凌亂不堪。

●有莖種

有莖種的處置，基本上是長到適當的長度，就將它修剪掉。

只要不想讓水草繁殖，可以依照自己的喜好來修剪，然後把根部丟掉。但是，如果剪得太短，只剩下頂芽，會很容易枯萎。

可以把中間長出根的部分，剪下來種。

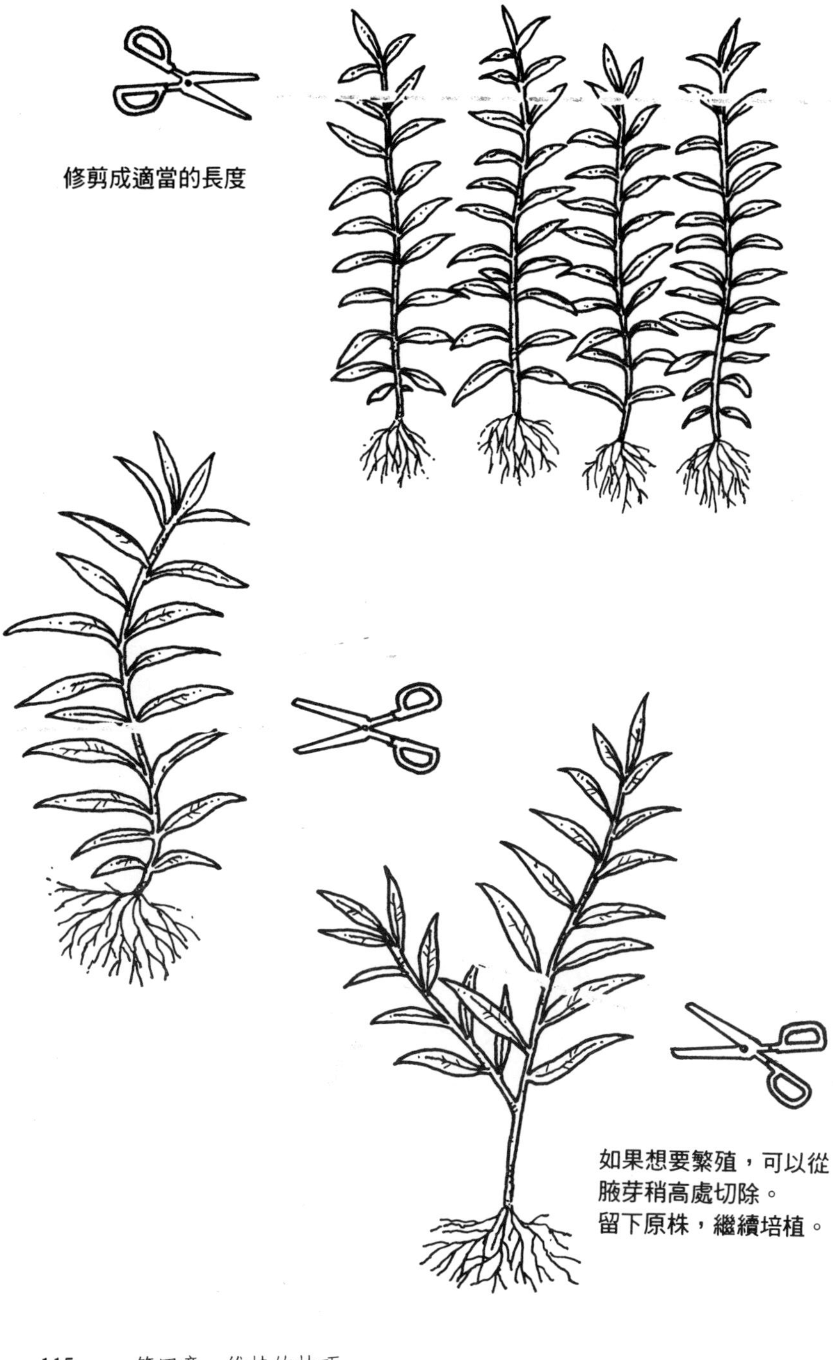
修剪成適當的長度
如果想要繁殖，可以從腋芽稍高處切除。
留下原株，繼續培植。

要繁殖時，可以從腋芽的上方切斷，用來栽種。原株也不要拔掉，任其繼續生長。

當莖上的節長出新芽時，表示這是非常健康的水草。反之，如果把上面的部分切除，從切口的部分會長出新芽來，而長出分株。

長出分株時，葉子會更加茂盛。

●叢生型

修剪叢生型的水草種類時，頂多只是去除枯葉，或剪去會遮住其他種類的葉片。只要水槽夠大，會比有莖種來得輕

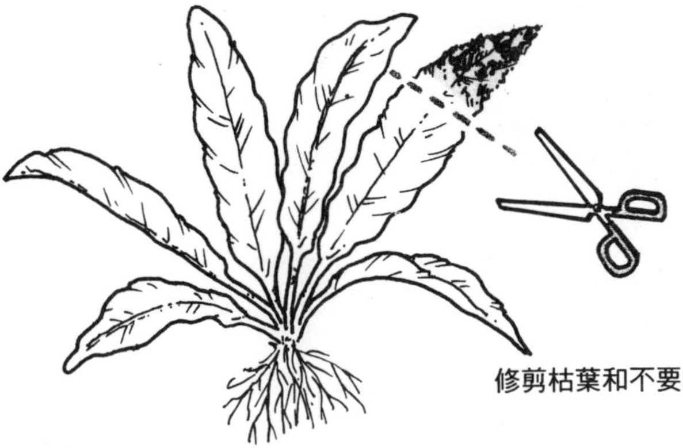

修剪枯葉和不要的葉子

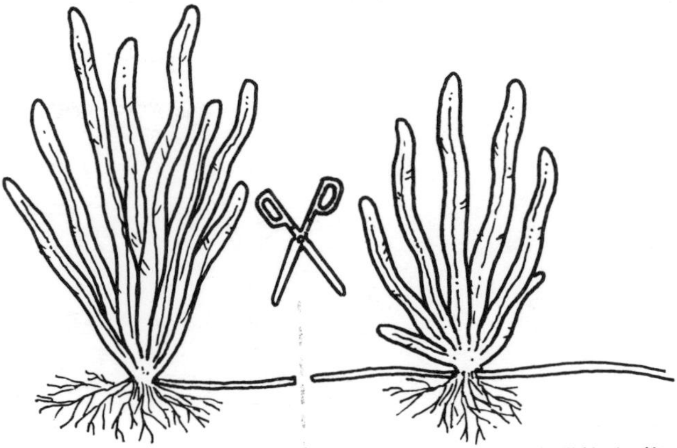

切斷匍匐莖

鬆。尤其成長緩慢的榕葉，栽種時，幾乎不需要修剪。

如果長得太大時，當大葉子長出水面，就將它切除。漸漸地又會長出小的葉片來。此外，叢生型的水草根部較發達，所以在移植時較脆弱。尤其移植後會長得更小。此外，可以留下幾片新芽，剪掉其他的葉子。

榕葉、椒草分株以後，會變得矮小化。這麼做可以使一棵大的水草長出小葉來。

利用匍匐莖繁殖的小型種類，任其自由生長，會穿過石頭和沉木之下，擴充其水草領

皇冠草的匍匐莖會一直延伸長出來，繁殖出新株來

域，纏住其他的水草。這時，就必須要切斷匍匐莖，並要拔除繁殖過多的部分。尤其切斷匍匐莖之後，如果沒有拔除，匍匐莖會和其他水草的根部糾纏在一起，會導致其他的水草被完全拔起來。

●長出浮葉的類型

會長浮葉的睡蓮、香蕉草，必須要切除其浮葉。由於會經常長出浮葉來，所以必須要不厭其煩地把它切掉。這種類型的植物，一旦移植會喪失元氣，造成暫時性不會生長浮葉的情形。但是，有球莖類型的水草，如果經常移植，會使它呈現休眠期，而不會長出葉子來。同

泰國芋仔頭會不斷地長出美麗的水中葉

要避免讓香蕉草長出浮葉，是非常困難的作業

時，也會因此而枯萎。但是，只要球莖沒有腐爛，還會再長出芽來，所以不要把它丟掉。

總而言之，叢生型或浮葉型的修剪組織上，在移植時必須慎重進行。

●苔類

能夠存活在沉木上的毛苔草，通常會在存活的老舊苔上，重新長出新苔。這時，下面的苔會腐敗，從沉木上剝離。

因此，最好是不要讓它重疊生長。發現在水中長得太長時，最好是予以切除。

水質管理

平衡的水草水族箱

在安定的自然世界中，植物能夠利用氮、磷等無機物，經過光合作用，製作出蛋白質等有機物。這時，植物或攝食其他動物的動物，動物的糞便或屍體，以及植物的落葉等，經過細菌的分解；能夠形成植物進行光合作用所必要的氮素等的無機物。因此，這三者之間有著密切的平衡作用。在水中也一樣，在自然的河川或池沼，都有三者的活動。

在水箱中只要取得這方面的平衡，這時就不需要換水或餵食。實際上，並沒有這種水族箱。人類餵魚餌，然後採用過濾器，還必須要經常換水不可。

水箱中的細菌

細菌有二種種類：一種喜歡空氣，是嗜氣性細菌；另一種是不喜歡空氣的厭氣性細菌。嗜氣性的

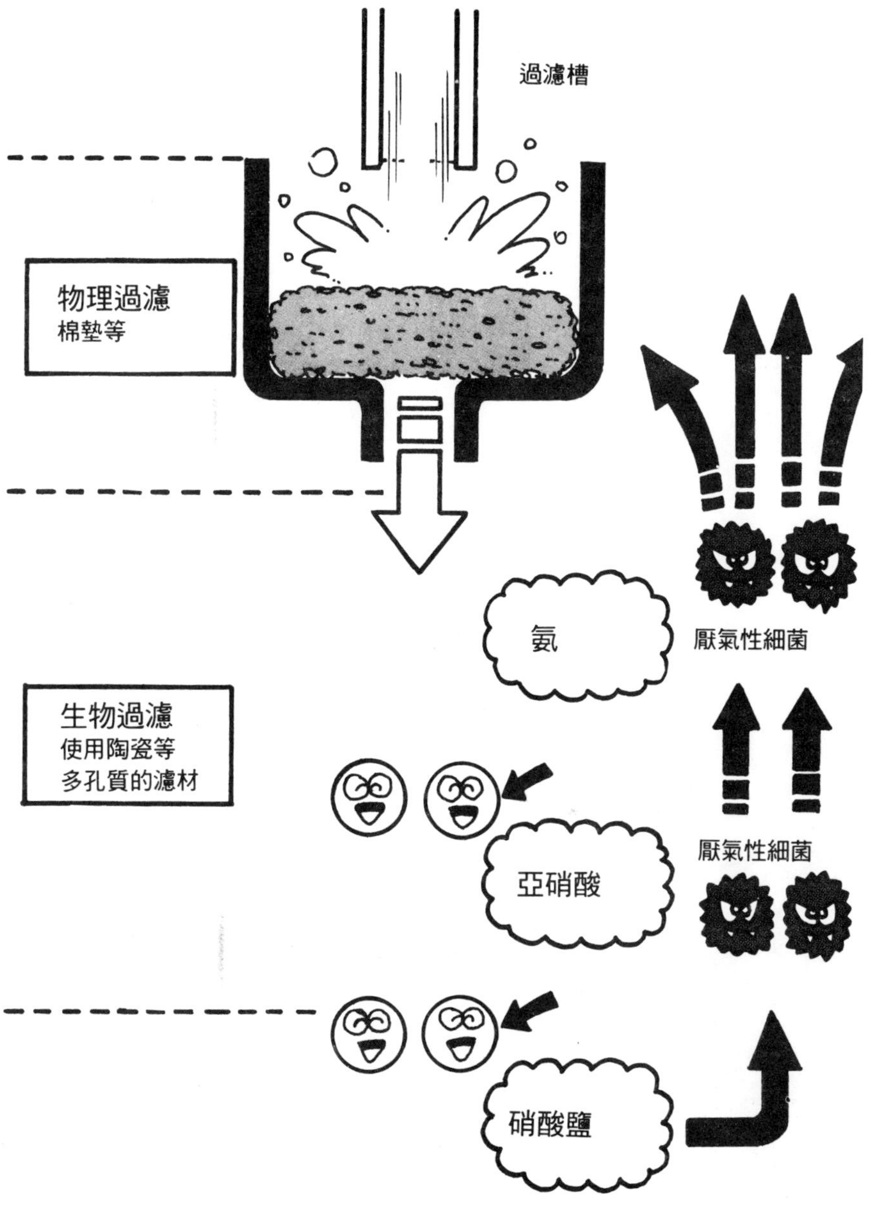
過濾槽
物理過濾
棉墊等
氨
厭氣性細菌
生物過濾
使用陶瓷等
多孔質的濾材
亞硝酸
厭氣性細菌
硝酸鹽

細菌能夠分解物質，而厭氣性的細菌，以破傷風細菌、肉毒桿菌，最為有名。一般稱之為腐敗細菌，能夠使物質腐敗。

在水箱中，嗜氣菌能夠分解魚的排泄物，形成有害的氨。變成有害的亞硝酸和無害的硝酸鹽，這種細菌被稱作過濾細菌。無害的硝酸鹽會逐漸地囤積在水箱中。這時，硝酸鹽會再變作亞硝酸、氨，和過濾細菌產生相反的作用，導致厭氣性細菌的繁殖。

發生這種情形時，就必須換水，而且要清除過濾槽。過濾器中的過濾器材，有廢物的囤積、堵塞，使水無法通過。這導致厭氣性細菌的繁殖，終於導致水質惡化，Ｐｈ也會下降，魚也會死去。

這時，需要換水，並將細菌分解的硝酸鹽排出水箱外，藉助人力來保持水箱的平衡。

使用底砂吸塵器，吸除砂中的垃圾。

一週一次，更換 1/3 量的水

換水的方法

如果一次就把水箱中的水全部換掉，會使魚和水草因為水質的急遽變化，而造成不良影響；很可能會因此而受到震驚，就此死亡。好不容易繁殖的過濾細菌，也會因此而死掉。因此，不要等到水質更差，才一次換掉。在水質還沒有變壞時，定期地少量換水。

具體而言，一週一次，換三分之一量的水。三分之一量的水不會導致水質急遽變化，且可去除水箱內的垃圾。不過，這只是一個大致上的標準。大型水箱在沒有養魚的時候，大致上是二週一次。反之，小型的水箱養了許多魚時，很可能三～四天換一次，都會嫌不夠。

換水時，要使用底砂、吸塵器，把沙中的垃圾清除乾淨。尤其要注意不可把水草拔掉，清除

根部的垃圾。接著，側面、後面的苔也要清理乾淨，趁機修剪。已經脫落的葉子，或是已經枯萎的葉子，也可以予以去除。尤其是堵塞在過濾器吸入口的枯葉，會使過濾器的吸入水量降低，所以要清理乾淨。清除叢生型水草的根部時，要注意不要把新芽埋在沙中。

過濾器的掃除方法

過濾器會吸入一些細的垃圾，而且會有過濾細菌分解水，使水變得乾淨。無法分解的物質會變成稠糊狀的殘便。在過濾器材中，要經常如此清掃過濾器材，去除這些廢物。

清掃過濾槽時，勿殺死過濾器材中繁殖的過濾細菌。如果用自來水大量沖洗，肉眼看不到的過濾細菌會死掉。要從水箱中取出少量的水，再

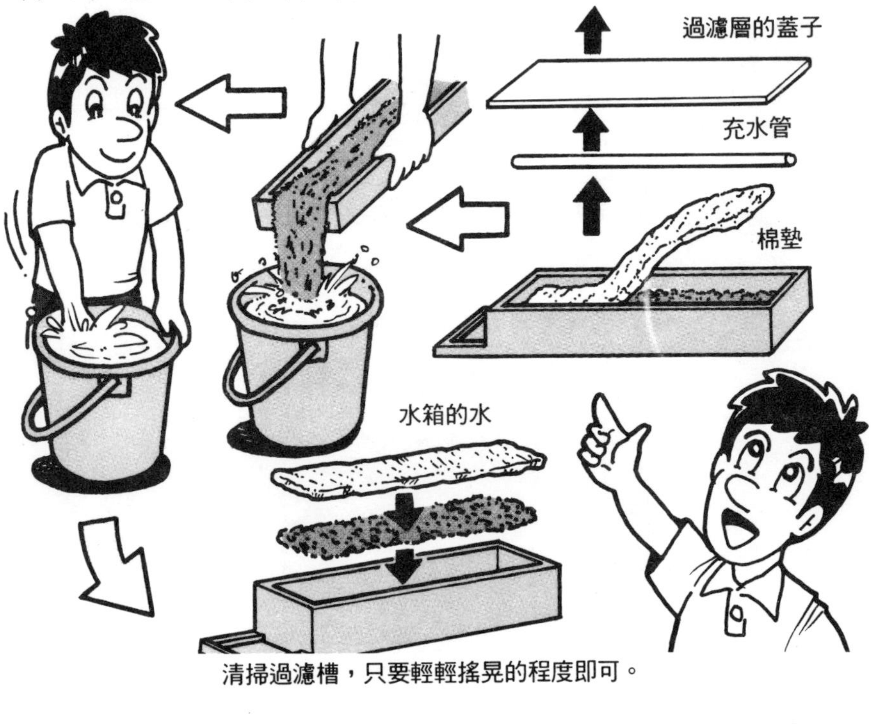

清掃過濾槽，只要輕輕搖晃的程度即可。

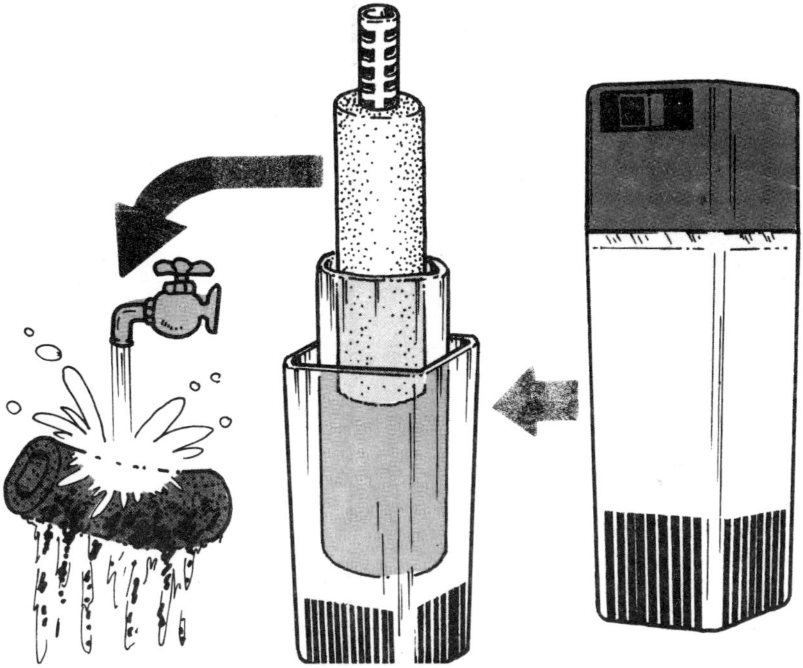

要先切斷動力過濾器的電源，再進行掃除。

把過濾器材置於水中，輕輕地搖動。以這種方式把附著於上面的廢物沖掉，這樣就足夠了。這時，水槽中的水不要換水，用底沙、吸塵器把砂礫中的垃圾吸掉；如此一來，就不需要清掃過濾器材。無法吸取垃圾時，可以從上面輕輕地取出。如果量太多，就必須清除過濾器了。這時，必須換水。

外部式的動力過濾器，一定要把電源切斷。活瓣關閉之後，直接取出濾材，清洗即可，非常簡單。上部的過濾器把電源切斷，取出過濾器材中的過濾器。這時，下面會有水。其中，會有一些沉澱的老廢物，不妨取出，清理乾淨。如果稍不留意，就會流入水箱中。這時，就非換水不可了。因此，在清理時，要特別留意。過濾器中的葉扇（螺旋槳狀），會纏有水草的葉子和莖的纖維質，因此，要仔細檢查，並予以清理。

一般而言，過濾槽一個月清掃一次就足夠了。這時，如果發現過濾器材非常髒，很可能是過濾系統無法負擔。這時，會無法負荷餵食、餵養的次數，因此，要考慮更換過濾器，或是縮短換水的週期。

苔的對策

水草水箱最大的敵人，苔

水草水箱最大的敵人就是苔。苔的生活環境和水草非常相似。大致上，會長得比水草要健康。一旦長苔之後，水草就會輸給它。

苔的顏色種類繁多，經常會發生。有茶色水垢的苔；還有綠色絲狀的青臭苔；以及有如綠色

光量多，容易產生綠苔

難以去除的穗苔(雜草)

墨水的苔；因發生的環境不同，應對的方法也不一樣。

通常，咖啡色的苔在水箱設置時，或大掃除後等，水質不安定的時期，經常會發生。此外，一旦不注意時，螢光燈的光量降低，也會發生。這種苔摸起來非常柔軟，只要用手就能夠輕易去除。當水箱設置時，大量湧現這種苔。這時需要經常換水。隨著水質的安定，大都會消失。還有，更換螢光燈管，增加燈管數也很有效。這種類型的消除方法很簡單。一般而言，水草水箱很少看到(即使有也不太明顯)。通常，是發生在大型魚的容器中。反之，一旦一直無法去除時，就要考慮到是不是過濾系統發生了問題。

綠色的青臭苔會發生在水面下的水草，同時在前面的玻璃等光照射較強的地方，也會急遽地繁殖。這種絲狀的苔糾纏在一起。如果纏上鳳尾草這種細葉植物，就無法取下。生殖力非常強，為其特徵。即使換水，玻璃上經過數個小時，就會變成綠色。

房狀苔成長較慢。一旦發現時即刻去除，就可以防止。但是，其存活率很強，一旦附著在葉片上，就只能切除葉片。而且，容易附著在水箱的後面，以及過濾器的管中等堅硬的地方，此為其特徵。通常，都是從專門店或其他的水箱中感染，雖然不會有爆發性的繁殖，但是大都會在疏於換水時，大量地增殖。最近，這種苔容易附著在沉木上，要注意不要任其繁殖。

綠色墨水印的苔，其存活率強。一旦附著就難以去除，而且非常小，不容易發覺。等到發現時，大都已經在成長緩慢之榕葉的水草上，或是玻璃上產生。雖然繁殖得不會很快，但是這是難以去除的苔類。

小精靈

鬚狀苔會有不錯的存活率，很難去除。經常會不知不覺地出現，又會不知不覺地消失。一般的情況，認為是從其他的水槽中傳進來。

●苔的預防法

有如前文所述，苔類比水草更喜歡氮。如果疏忽了換水，則過濾槽或底砂會有老廢物堆積。這時，苔的生長速度會增快。因此，定期換水並掃除過濾器，為其預防方法。此外，光太強或太弱，也很容易產生；像是綠色的苔和咖啡色的苔，只要一天不使用螢光燈，就會消失。如果疏忽了季節性的日光照射變動，照到了日光，便很容易產生苔。還有，房狀苔、鬚狀苔，以及食苔魚幾乎都不吃。一旦長出來，就難以去除。因此，最好在少的時候，就予以清除。否則，沒有其他的對策。當然，小精靈、蝦類等食苔動物，也很有效果。但是，這只是舔過水草的表面罷了！最重要的是，要有提高預防的效果。不要等到長苔以後，才開始採取行動。要從一開始時，就作好預防。

大和沼蝦

施肥

要如何施肥？

水草和陸上植物相比，並不需要那麼多的肥料。水草不像陸上植物一樣，需要挺立成長。而且，也不像陸上植物一樣，把大部分的能量都用在開花、結果上。因此，比起陸上植物而言，並不需要太多的氮和磷。此外，在水箱中有魚糞，其中含有大量的氮和磷。如果再另外添加，可能會導致苔的產生。肥料大致分為二種型態：一種是液狀型態，是屬於速效性；另外一種是固態的底砂添加肥料，其作用較緩慢。這些肥料所含的鈣或鐵等的微量元素，會比氮和磷多。使用方法方面，當在水箱設置時，要混入底砂添加型的肥料。如此一來，就可以順利地培育水草。這時，就不需要進行特別的追肥。剛開始時，底砂添加型的肥料在剛換水時，再補足規定量就足夠了。

皇冠草、椒草等，都是屬於根部較發達的類型，水草會從根部吸取營養。除了設置時所加入的添加肥料以外，還要在根部另外埋入肥料，效果會更好。長出來的新芽較小，或是外側的葉子枯萎時，可以嘗試埋入這類型的肥料。發覺有莖種沒有元氣時，可以採用速效性肥料，讓植物從葉吸取。這種液態的肥料非常有效。因此，有如前文所述的，如果過度會導致苔的產生；所以要使用少於規定量的用量。先滴數滴看看。經過二～三天以後，再酌量增加。像這樣的使用方法較適當。

先嘗試使用比規定量
少的液肥。

用鑷子把固態肥料
埋在根部。

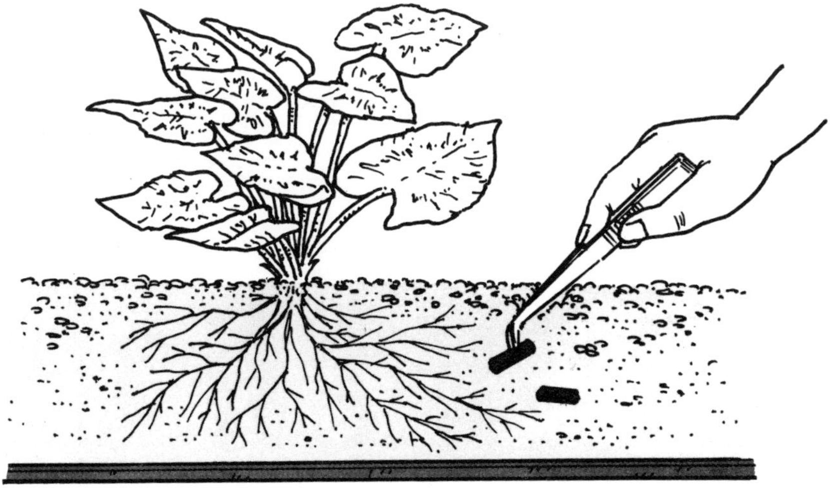

CO_2的添加

不可或缺的CO_2

要輕鬆地栽培水草，不可或缺的是CO_2。但是，要如何靈巧地添加呢？而且，要顧慮不要浪費，否則會殺死水族箱中的魚類或蝦子。

水草受到陽光的照射，會形成光合作用。當陽光消失時，就無法形成光合作用。植物和動物一樣，也必須吸取氧氣，而且，會吐出CO_2。如果關掉螢光燈，繼續添加CO_2，水族箱中的動物會因為缺氧而死掉。因此，必須在使用螢光燈時，添加CO_2。

要儘可能在關掉螢光燈之前，關掉CO_2。經過一段時間，讓水族箱中的CO_2消耗掉。等氧氣變多之後，再把螢光燈關掉較好。有些人會認為這樣一下子開，一下子關，真是麻煩。於是，使用定時器，或者用Ph濃度來控制CO_2的添加。市面上售有這種控制器，可以多加利用。

CO_2在水中的溶解量的測試，可以使用專用的試藥，非常準確。如果每天都進行測試，非常麻煩。大致上，都是在CO_2桶和擴散筒之間的管子，裝上氣泡劑量器。只在最初的時候，用試紙

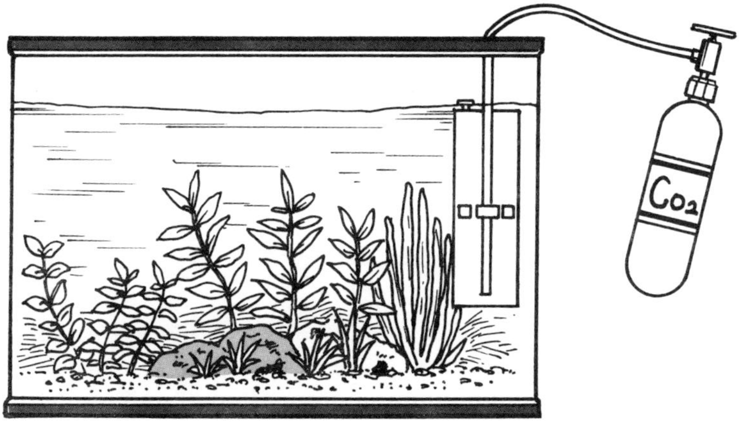
Co2

!
光源
CO_2
有機物
光合作用
H_2O
吸收
O_2

來測試濃度。以當時的氣泡量，作為每天添加的標準。

CO_2的添加量太多時，會使魚因為缺氧而變弱。對於蝦子也會產生不良的影響。當魚的鼻子朝上，而透明的蝦子變白或變紅時，就是缺氧症狀。這時，要馬上中止CO_2的添加，開始打入氧氣。

平常，如果發現魚鰓激烈運動，水族箱中的蝦子，腹部的腳進行掃除動作時，這就是輕度的缺氧現象。這時，就必須減少CO_2的添加量。

第五章
類別的栽培方法

藻類

●特徵

金魚藻、四輪水蘊草一生都生活在水中，是真正的水草。除此之外，像卡羅羅漢草、四輪水蘊草能夠產生氣中葉，有柔軟的針狀葉的水草，是適合在水中生活的植物。不論哪一種，其莖都非常柔軟，大都能夠漂流在水中生活。因此，其栽培方法也很相似。

水底不會長根者，以漂流在水中生活的類型較多。此外，其莖非常柔軟，稍微用力就會折斷。隨著水的漂流而進行繁殖。葉子較細的類型容易有苔附著，尤其會延伸到水面，因此要留意。

●栽培方法

在水族箱中，根部不會生長。有細長的葉密生、浮力強，是不容易栽種的類型。栽種這些種類，要使用海棉包起。利用重的東西來固定。市面上有販賣這些製品。大都喜歡強光，光線較弱時，葉片就會減少。這時莖間就會延長，外型便不好看了。葉子是屬於綠色的類型，並不需要太多的CO_2。要培育出呈現紅色葉子的類型，並不太容易。這時，必須要使用CO_2和強光。

黑藻和四輪水蘊無法栽培成向上垂直延伸的形狀，會依照自己喜好的方向延伸，並不挺直。但是

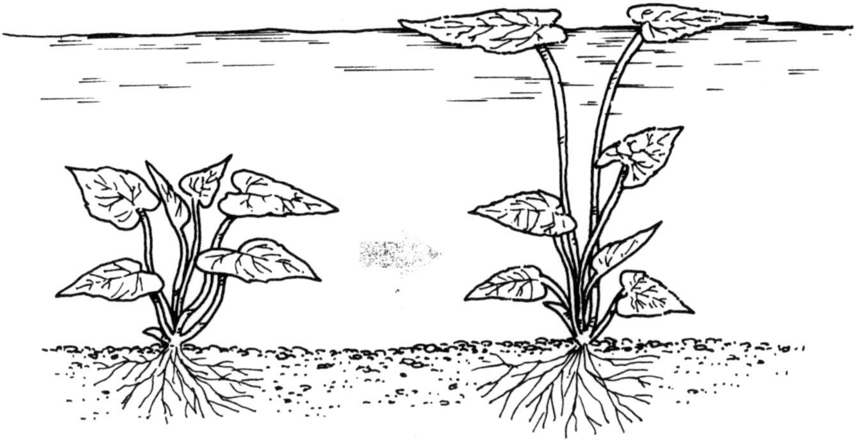

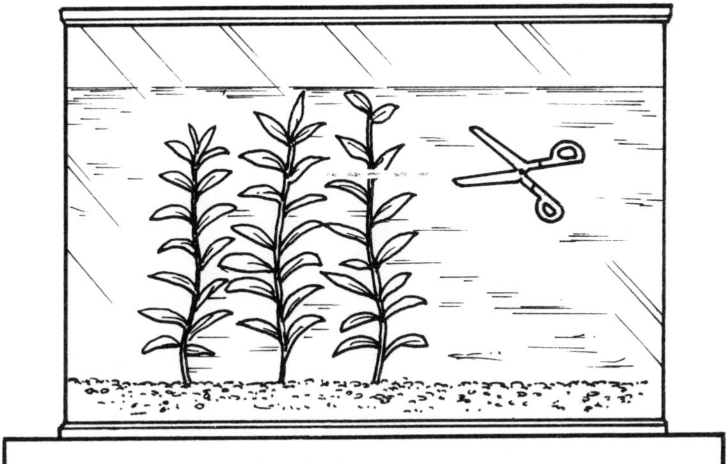

進行修剪，不要讓葉子伸出水面

，因為會隨著自己所喜好的方向延伸，這也是一種自然美。尤其是日本式的水族箱佈置，這是不可或缺的種類。

●繁殖方法

即使不想讓這些種類繁殖，也會隨著生長而長出分支，如此地繁殖。草體的上端體積會較大，在修剪處置時，不要修齊，讓它有長短變化，整體看起來比較繁茂。

有莖種

●特徵

這是有節的莖之類型。在此，作整體的介紹。在這些有莖種之中，大都是挺水而生的水中植物。有堅實的莖、直立，向著水面生長。可以當作漂亮的水箱佈置材料，而有許多是非常受歡迎的類型。由於其高度較高，通常都被當作後景的材料。如果修剪頻繁，就能夠養育出較短的類型，還可以當作中型草。不會橫向發展，通常數十株左右群生，非常美麗。

●栽培方法

根據種類的不同，也會有所差異。一般而言

群生時，非常美麗的種類

，光線不足時，葉子會掉落。而且，葉子會變小，外型就不佳。反之，柳葉草等是比較強健的種類。如果有足夠的光量，而且添加CO_2。在這種過度良好的環境下，會巨大化。大多數的種類會長出堅實的根，來支撐身體。而且，頂芽會向上延伸。一般的種類，根部並不是那麼重要，所以在移植時，不需要有太多的顧慮，會比較簡單。

此外，使用底砂添加型的肥料，並沒有多大的效果。

●繁殖方法

修剪方面，會在修剪的中途長出根，切除這部分，應該不會有問題。切除以後，插枝，這樣就能夠長出根來。插枝時，不要留節，否則莖會腐爛。此外，在留下少許的節上的葉，會具有錨的作用。葉的基部會長出芽，修剪時，要留下腋芽。留下腋芽來插枝，這是最容易繁殖的方法。

當芽較小時，應該把它種到陽光比較容易照射到的前端。後景和前景可以用單一種類的水草來佈置。此外，切除頂芽，可以作出有如盆栽一般的修剪，讓一棵水草有繁茂的分枝。

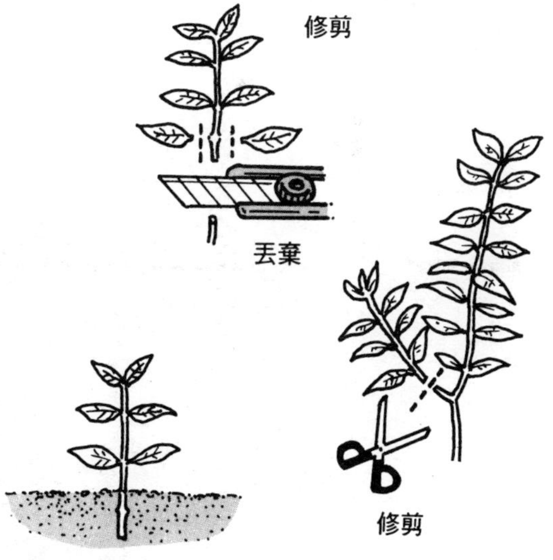

依照插枝要領，就能夠生根

前景用有莖種

●特徵

其實，並沒有特定用在前景。不過，比起前述的二種種類而言，大都是使用在前景或中景的一些有莖種。使用在前景的，有卡弟山梗菜和水玫瑰。乍看之下，是叢生型的種類。小葉草和香菇草是往橫向生長的類型。在一般的水草專門店，會看到葉數較少的卡弟山梗菜和水玫瑰等。

看起來是叢生型，但是也可以看到它們長出水上葉。在這種共同生長的狀態下，從中間會有一枝直的莖長出來，所以也會被認為是有莖種。外型看起來像是菜葉一樣，真是有趣。在小型的水族箱中，被當作中心植物，饒富趣味。

小葉草

類似香菇的香菇草

●栽培方法

山梗菜等的類型，通常在專門店中，只買到二～三片葉子。經過一段時間以後，就會長出叢生型的葉子。接著便開始生根，莖會一直往上延伸。

當莖伸出水面，修剪頂芽之後，葉的根部會長出腋芽。

小葉草和香菇草會橫向發展，莖間會長葉子。葉的基部會生根。這是小型種的叢生型植物。有如匍匐莖植物一般地延伸繁殖。

不論是哪一種類型，與有莖種相比，其根部較發達。因此，採用底砂添加型的肥料就很有效。

關於這種植物的栽培方法，介乎有

莖種和叢生型之間。

●繁殖方法

山梗菜切下腋芽，插枝。匍匐類型者，並非長出葉子的地方，就可以長出一棵植物。切下長出一～二片葉子處，要如此培育，實在很困難。必須要留下某種程度葉數的腋芽，才可以進行培植。

利用匍匐莖繁殖的布希慈菇

●特徵

愛希水篩和椒草是最具代表性的水草。不會長出莖，葉子會從中心長出來而變大。大型種可以當作中心植物。像水蘭等有帶狀葉的類型，可以當作後景；而布希慈菇等小型種，可以當作前景來佈置。

●栽培方法

任何一種叢生型的種類，都有發達的根部。水上葉枯萎，根部往兩旁伸展。因此，長出水中葉。因為根部發達，所以不適合移植。使用底砂添加型的肥料有效。

在修剪組織上，從中型至大型種，要能夠切除夠大的葉片。此外，如果根部部分發達，會長出大的葉片來。這時候，可以進行移植，或是切除底砂中的根，故意使其矮化。一般而言，都是屬於比較強健的種類。椒草類對於水質的變化較弱，移植或急遽地換水，很容易導致枯萎。

小型種必須切除太長的匍匐莖，這是修剪的組織方法。和有莖種不一樣的是，在老葉還未枯掉以前，會把

龐德椒草

它留住。但是，在這種情況下，很容易形成毛狀苔或鬚狀苔的附著。因此，要特別留意。

●繁殖方法

大多數的種類都是利用匍匐莖繁殖。在椒草類中，要在水中結成果子，非常困難。但是，也可以利用種子來繁殖。

匍匐莖的繁殖，從匍匐莖產生子株而生根。當葉子長出二～三片左右時，必須要非常小心。不要傷到匍匐莖，輕輕地取下再移植。還有，不需要移植的是，子株會生長在底砂上，這時候，可以直接輕輕地把子株連同匍匐莖埋到沙中來種植，使匍匐莖可以繼續延伸。

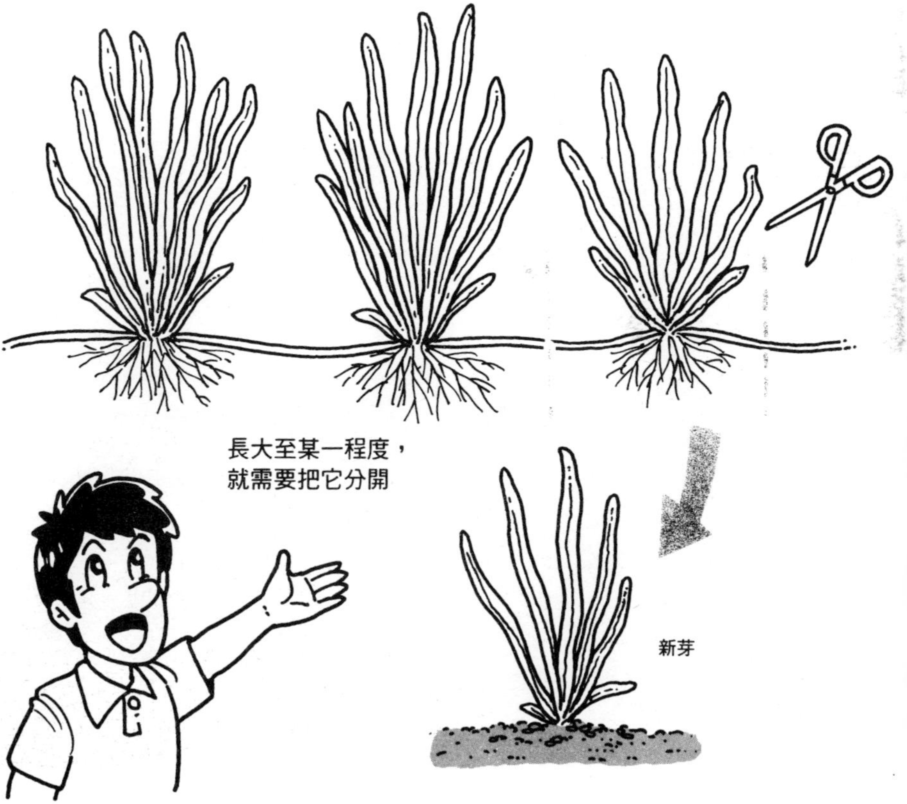

擁有球莖的種類

●特徵

塊根是指植物的根莖或塊莖。根、莖是植物儲存營養的場所。水草中，睡蓮和水甕就屬於這種類。

通常，這種植物在水中會有發達的根部和球莖，而浮葉會長出水面。但是，水甕類並沒有浮葉，故可採叢生型的栽培方法。睡蓮、香蕉草都有浮葉的形成。

●栽培方法

是擁有球莖的類型。因為球莖有養分，不論在任何環境中，都會長出芽來。而且，會長出數

最普遍的泰國芋仔頭

枚葉子。採購時，選購沒有受傷的球莖或沒有腐爛的；即使沒有看到葉子，還是要選擇沒有受傷、較大的球莖較好。此外，過度進行修剪組織或移植，會導致球莖進入休眠期，長不出葉子。雖然球莖裡面是空的，但是只要不腐爛，都能夠長出葉子來。

睡蓮種類種植在水族箱中，如果環境不佳，會馬上長出浮葉；當球莖的養分使用殆盡就會枯萎。強的照明和CO_2可以有效地培育睡蓮。

此外，其根部也非常發達，但是移植方面也很脆弱。使用底砂添加型的肥料很有效。出現浮葉時，就需要進行大規模的修剪。出現浮葉時，要予以切除。經過一段時間以後，就會長出水中葉來。

不耐高溫的西洋荷根

●繁殖方法

通常，會在水上開花結果，能夠利用種子來繁殖。不過，平常並不在戶外繁殖浮葉；因此，要以這種方式來繁殖，實在很困難。依其種類的不同，有些浮葉下方或球根旁邊會長出子株，藉此繁殖。

非常健壯，容易繁殖的寬邊菊葉草

蕨類、苔類

鐵皇冠、黑虎蕨、寬邊菊葉草等水生的蕨類，在型態上是屬於叢生型。還有，鐵皇冠、黑虎蕨能夠存活在沉木上，也是非常著名的。不論哪一種，都非常強健，能夠在低光量、不添加CO_2的情況下，長得非常好。

莓苔草、鹿角苔等苔類，也非常強健。這種繁茂密生的姿態非常美麗，可以用來佈置水族箱。但是，鹿角苔本來是浮在水面上的苔類，所以要用不銹鋼網來網住，用來當作前景。

●栽培方法

蕨類、苔類都是很強健的植物，幾乎不會太麻煩。莓苔草、鹿角苔可以利用沉木使其存活。

生長遲緩的黑虎蕨

這時，如果添加CO_2，會加速其成長。此外，這些苔類使用苔類防止劑，可能會導致枯萎。通常，市面上也售有鐵皇冠、黑虎蕨的氣中葉，置於水族箱中養育，非常強健。如果氣中葉枯萎，會發生暫時性的成長停止。因此，買來的時候，要把葉子切掉。如此一來，會比較容易長出新芽。

在修剪組織上，要切除比較容易產生妨礙的葉子。蕨類成株較小，長出來的葉片也較小。

●繁殖方法

基本上，蕨類是以孢子來繁殖。寬邊菊葉草、鐵皇冠等，在葉緣會產生較小的子株，可以取下來繁殖。鐵皇冠和黑虎蕨也可以分株來繁殖。鹿角苔任其浮在水面上繁殖比較容易。

如果太過接近螢光燈，可能會造成葉面灼傷，這一點要特別留意。

〔叢生型〕

〔擁有球莖的種類〕

〔蕨類、苔類〕

索　引 <以筆劃為序>

〔藻類〕

〔有莖類〕

〔前景用有莖種〕

大展出版社有限公司　圖書目錄

地址：台北市北投區(石牌)
致遠一路二段12巷1號
郵撥：0166955～1

電話：(02)28236031
28236033
傳真：(02)28272069

・法律專欄連載・電腦編號 58

台大法學院　法律學系／策劃
法律服務社／編著

1. 別讓您的權利睡著了 1		200元
2. 別讓您的權利睡著了 2		200元

・秘傳占卜系列・電腦編號 14

1. 手相術	淺野八郎著	180元
2. 人相術	淺野八郎著	180元
3. 西洋占星術	淺野八郎著	180元
4. 中國神奇占卜	淺野八郎著	150元
5. 夢判斷	淺野八郎著	150元
6. 前世、來世占卜	淺野八郎著	150元
7. 法國式血型學	淺野八郎著	150元
8. 靈感、符咒學	淺野八郎著	150元
9. 紙牌占卜學	淺野八郎著	150元
10. ESP超能力占卜	淺野八郎著	150元
11. 猶太數的秘術	淺野八郎著	150元
12. 新心理測驗	淺野八郎著	160元
13. 塔羅牌預言秘法	淺野八郎著	200元

・趣味心理講座・電腦編號 15

1. 性格測驗① 探索男與女	淺野八郎著	140元
2. 性格測驗② 透視人心奧秘	淺野八郎著	140元
3. 性格測驗③ 發現陌生的自己	淺野八郎著	140元
4. 性格測驗④ 發現你的真面目	淺野八郎著	140元
5. 性格測驗⑤ 讓你們吃驚	淺野八郎著	140元
6. 性格測驗⑥ 洞穿心理盲點	淺野八郎著	140元
7. 性格測驗⑦ 探索對方心理	淺野八郎著	140元
8. 性格測驗⑧ 由吃認識自己	淺野八郎著	160元
9. 性格測驗⑨ 戀愛知多少	淺野八郎著	160元
10. 性格測驗⑩ 由裝扮瞭解人心	淺野八郎著	160元

11.	性格測驗⑪ 敲開內心玄機	淺野八郎著	140 元
12.	性格測驗⑫ 透視你的未來	淺野八郎著	160 元
13.	血型與你的一生	淺野八郎著	160 元
14.	趣味推理遊戲	淺野八郎著	160 元
15.	行為語言解析	淺野八郎著	160 元

・婦 幼 天 地・電腦編號 16

1.	八萬人減肥成果	黃靜香譯	180 元
2.	三分鐘減肥體操	楊鴻儒譯	150 元
3.	窈窕淑女美髮秘訣	柯素娥譯	130 元
4.	使妳更迷人	成　玉譯	130 元
5.	女性的更年期	官舒妍編譯	160 元
6.	胎內育兒法	李玉瓊編譯	150 元
7.	早產兒袋鼠式護理	唐岱蘭譯	200 元
8.	初次懷孕與生產	婦幼天地編譯組	180 元
9.	初次育兒 12 個月	婦幼天地編譯組	180 元
10.	斷乳食與幼兒食	婦幼天地編譯組	180 元
11.	培養幼兒能力與性向	婦幼天地編譯組	180 元
12.	培養幼兒創造力的玩具與遊戲	婦幼天地編譯組	180 元
13.	幼兒的症狀與疾病	婦幼天地編譯組	180 元
14.	腿部苗條健美法	婦幼天地編譯組	180 元
15.	女性腰痛別忽視	婦幼天地編譯組	150 元
16.	舒展身心體操術	李玉瓊編譯	130 元
17.	三分鐘臉部體操	趙薇妮著	160 元
18.	生動的笑容表情術	趙薇妮著	160 元
19.	心曠神怡減肥法	川津祐介著	130 元
20.	內衣使妳更美麗	陳玄茹譯	130 元
21.	瑜伽美姿美容	黃靜香編著	180 元
22.	高雅女性裝扮學	陳珮玲譯	180 元
23.	蠶糞肌膚美顏法	坂梨秀子著	160 元
24.	認識妳的身體	李玉瓊譯	160 元
25.	產後恢復苗條體態	居理安・芙萊喬著	200 元
26.	正確護髮美容法	山崎伊久江著	180 元
27.	安琪拉美姿養生學	安琪拉蘭斯博瑞著	180 元
28.	女體性醫學剖析	增田豐著	220 元
29.	懷孕與生產剖析	岡部綾子著	180 元
30.	斷奶後的健康育兒	東城百合子著	220 元
31.	引出孩子幹勁的責罵藝術	多湖輝著	170 元
32.	培養孩子獨立的藝術	多湖輝著	170 元
33.	子宮肌瘤與卵巢囊腫	陳秀琳編著	180 元
34.	下半身減肥法	納他夏・史達賓著	180 元
35.	女性自然美容法	吳雅菁編著	180 元
36.	再也不發胖	池園悅太郎著	170 元

37. 生男生女控制術	中垣勝裕著	220元
38. 使妳的肌膚更亮麗	楊 皓編著	170元
39. 臉部輪廓變美	芝崎義夫著	180元
40. 斑點、皺紋自己治療	高須克彌著	180元
41. 面皰自己治療	伊藤雄康著	180元
42. 隨心所欲瘦身冥想法	原久子著	180元
43. 胎兒革命	鈴木丈織著	180元
44. NS 磁氣平衡法塑造窈窕奇蹟	古屋和江著	180元
45. 享瘦從腳開始	山田陽子著	180元
46. 小改變瘦 4 公斤	宮本裕子著	180元
47. 軟管減肥瘦身	高橋輝男著	180元
48. 海藻精神秘美容法	劉名揚編著	180元
49. 肌膚保養與脫毛	鈴木真理著	180元
50. 10 天減肥 3 公斤	彤雲編輯組	180元
51. 穿出自己的品味	西村玲子著	280元

・青 春 天 地・電腦編號 17

1. A 血型與星座	柯素娥編譯	160元
2. B 血型與星座	柯素娥編譯	160元
3. O 血型與星座	柯素娥編譯	160元
4. AB 血型與星座	柯素娥編譯	120元
5. 青春期性教室	呂貴嵐編譯	130元
6. 事半功倍讀書法	王毅希編譯	150元
7. 難解數學破題	宋釗宜編譯	130元
9. 小論文寫作秘訣	林顯茂編譯	120元
11. 中學生野外遊戲	熊谷康編著	120元
12. 恐怖極短篇	柯素娥編譯	130元
13. 恐怖夜話	小毛驢編譯	130元
14. 恐怖幽默短篇	小毛驢編譯	120元
15. 黑色幽默短篇	小毛驢編譯	120元
16. 靈異怪談	小毛驢編譯	130元
17. 錯覺遊戲	小毛驢編著	130元
18. 整人遊戲	小毛驢編著	150元
19. 有趣的超常識	柯素娥編譯	130元
20. 哦！原來如此	林慶旺編譯	130元
21. 趣味競賽 100 種	劉名揚編譯	120元
22. 數學謎題入門	宋釗宜編譯	150元
23. 數學謎題解析	宋釗宜編譯	150元
24. 透視男女心理	林慶旺編譯	120元
25. 少女情懷的自白	李桂蘭編譯	120元
26. 由兄弟姊妹看命運	李玉瓊編譯	130元
27. 趣味的科學魔術	林慶旺編譯	150元
28. 趣味的心理實驗室	李燕玲編譯	150元

29. 愛與性心理測驗	小毛驢編譯	130 元
30. 刑案推理解謎	小毛驢編譯	180 元
31. 偵探常識推理	小毛驢編譯	180 元
32. 偵探常識解謎	小毛驢編譯	130 元
33. 偵探推理遊戲	小毛驢編譯	130 元
34. 趣味的超魔術	廖玉山編著	150 元
35. 趣味的珍奇發明	柯素娥編著	150 元
36. 登山用具與技巧	陳瑞菊編著	150 元
37. 性的漫談	蘇燕謀編著	180 元
38. 無的漫談	蘇燕謀編著	180 元
39. 黑色漫談	蘇燕謀編著	180 元
40. 白色漫談	蘇燕謀編著	180 元

・健康天地・電腦編號 18

1. 壓力的預防與治療	柯素娥編譯	130 元
2. 超科學氣的魔力	柯素娥編譯	130 元
3. 尿療法治病的神奇	中尾良一著	130 元
4. 鐵證如山的尿療法奇蹟	廖玉山譯	120 元
5. 一日斷食健康法	葉慈容編譯	150 元
6. 胃部強健法	陳炳崑譯	120 元
7. 癌症早期檢查法	廖松濤譯	160 元
8. 老人痴呆症防止法	柯素娥編譯	130 元
9. 松葉汁健康飲料	陳麗芬編譯	130 元
10. 揉肚臍健康法	永井秋夫著	150 元
11. 過勞死、猝死的預防	卓秀貞編譯	130 元
12. 高血壓治療與飲食	藤山順豐著	150 元
13. 老人看護指南	柯素娥編譯	150 元
14. 美容外科淺談	楊啟宏著	150 元
15. 美容外科新境界	楊啟宏著	150 元
16. 鹽是天然的醫生	西英司郎著	140 元
17. 年輕十歲不是夢	梁瑞麟譯	200 元
18. 茶料理治百病	桑野和民著	180 元
19. 綠茶治病寶典	桑野和民著	150 元
20. 杜仲茶養顏減肥法	西田博著	150 元
21. 蜂膠驚人療效	瀨長良三郎著	180 元
22. 蜂膠治百病	瀨長良三郎著	180 元
23. 醫藥與生活(一)	鄭炳全著	180 元
24. 鈣長生寶典	落合敏著	180 元
25. 大蒜長生寶典	木下繁太郎著	160 元
26. 居家自我健康檢查	石川恭三著	160 元
27. 永恆的健康人生	李秀鈴譯	200 元
28. 大豆卵磷脂長生寶典	劉雪卿譯	150 元
29. 芳香療法	梁艾琳譯	160 元

30. 醋長生寶典	柯素娥譯	180 元
31. 從星座透視健康	席拉・吉蒂斯著	180 元
32. 愉悅自在保健學	野本二士夫著	160 元
33. 裸睡健康法	丸山淳士等著	160 元
34. 糖尿病預防與治療	藤田順豐著	180 元
35. 維他命長生寶典	菅原明子著	180 元
36. 維他命 C 新效果	鐘文訓編	150 元
37. 手、腳病理按摩	堤芳朗著	160 元
38. AIDS 瞭解與預防	彼得塔歇爾著	180 元
39. 甲殼質殼聚糖健康法	沈永嘉譯	160 元
40. 神經痛預防與治療	木下真男著	160 元
41. 室內身體鍛鍊法	陳炳崑編著	160 元
42. 吃出健康藥膳	劉大器編著	180 元
43. 自我指壓術	蘇燕謀編著	160 元
44. 紅蘿蔔汁斷食療法	李玉瓊編著	150 元
45. 洗心術健康秘法	竺翠萍編譯	170 元
46. 枇杷葉健康療法	柯素娥編譯	180 元
47. 抗衰血癒	楊啟宏著	180 元
48. 與癌搏鬥記	逸見政孝著	180 元
49. 冬蟲夏草長生寶典	高橋義博著	170 元
50. 痔瘡・大腸疾病先端療法	宮島伸宜著	180 元
51. 膠布治癒頑固慢性病	加瀨建造著	180 元
52. 芝麻神奇健康法	小林貞作著	170 元
53. 香煙能防止癡呆？	高田明和著	180 元
54. 穀菜食治癌療法	佐藤成志著	180 元
55. 貼藥健康法	松原英多著	180 元
56. 克服癌症調和道呼吸法	帶津良一著	180 元
57. B 型肝炎預防與治療	野村喜重郎著	180 元
58. 青春永駐養生導引術	早島正雄著	180 元
59. 改變呼吸法創造健康	原久子著	180 元
60. 荷爾蒙平衡養生秘訣	出村博著	180 元
61. 水美肌健康法	井戶勝富著	170 元
62. 認識食物掌握健康	廖梅珠編著	170 元
63. 痛風劇痛消除法	鈴木吉彥著	180 元
64. 酸莖菌驚人療效	上田明彥著	180 元
65. 大豆卵磷脂治現代病	神津健一著	200 元
66. 時辰療法—危險時刻凌晨 4 時	呂建強等著	180 元
67. 自然治癒力提升法	帶津良一著	180 元
68. 巧妙的氣保健法	藤平墨子著	180 元
69. 治癒 C 型肝炎	熊田博光著	180 元
70. 肝臟病預防與治療	劉名揚編著	180 元
71. 腰痛平衡療法	荒井政信著	180 元
72. 根治多汗症、狐臭	稻葉益巳著	220 元
73. 40 歲以後的骨質疏鬆症	沈永嘉譯	180 元

74. 認識中藥	松下一成著	180 元
75. 認識氣的科學	佐佐木茂美著	180 元
76. 我戰勝了癌症	安田伸著	180 元
77. 斑點是身心的危險信號	中野進著	180 元
78. 艾波拉病毒大震撼	玉川重德著	180 元
79. 重新還我黑髮	桑名隆一郎著	180 元
80. 身體節律與健康	林博史著	180 元
81. 生薑治萬病	石原結實著	180 元
82. 靈芝治百病	陳瑞東著	180 元
83. 木炭驚人的威力	大槻彰著	200 元
84. 認識活性氧	井土貴司著	180 元
85. 深海鮫治百病	廖玉山編著	180 元
86. 神奇的蜂王乳	井上丹治著	180 元
87. 卡拉 OK 健腦法	東潔著	180 元
88. 卡拉 OK 健康法	福田伴男著	180 元
89. 醫藥與生活㈡	鄭炳全著	200 元
90. 洋蔥治百病	宮尾興平著	180 元
91. 年輕 10 歲快步健康法	石塚忠雄著	180 元
92. 石榴的驚人神效	岡本順子著	180 元
93. 飲料健康法	白鳥早奈英著	180 元
94. 健康棒體操	劉名揚編譯	180 元
95. 催眠健康法	蕭京凌編著	180 元
96. 鬱金（美王）治百病	水野修一著	180 元

·實用女性學講座·電腦編號 19

1. 解讀女性內心世界	島田一男著	150 元
2. 塑造成熟的女性	島田一男著	150 元
3. 女性整體裝扮學	黃靜香編著	180 元
4. 女性應對禮儀	黃靜香編著	180 元
5. 女性婚前必修	小野十傳著	200 元
6. 徹底瞭解女人	田口二州著	180 元
7. 拆穿女性謊言 88 招	島田一男著	200 元
8. 解讀女人心	島田一男著	200 元
9. 俘獲女性絕招	志賀貢著	200 元
10. 愛情的壓力解套	中村理英子著	200 元
11. 妳是人見人愛的女孩	廖松濤編著	200 元

·校園系列·電腦編號 20

1. 讀書集中術	多湖輝著	150 元
2. 應考的訣竅	多湖輝著	150 元
3. 輕鬆讀書贏得聯考	多湖輝著	150 元

4.	讀書記憶秘訣	多湖輝著	150元
5.	視力恢復！超速讀術	江錦雲譯	180元
6.	讀書36計	黃柏松編著	180元
7.	驚人的速讀術	鐘文訓編著	170元
8.	學生課業輔導良方	多湖輝著	180元
9.	超速讀超記憶法	廖松濤編著	180元
10.	速算解題技巧	宋釗宜編著	200元
11.	看圖學英文	陳炳崑編著	200元
12.	讓孩子最喜歡數學	沈永嘉譯	180元
13.	催眠記憶術	林碧清譯	180元
14.	催眠速讀術	林碧清譯	180元

・實用心理學講座・電腦編號21

1.	拆穿欺騙伎倆	多湖輝著	140元
2.	創造好構想	多湖輝著	140元
3.	面對面心理術	多湖輝著	160元
4.	偽裝心理術	多湖輝著	140元
5.	透視人性弱點	多湖輝著	140元
6.	自我表現術	多湖輝著	180元
7.	不可思議的人性心理	多湖輝著	180元
8.	催眠術入門	多湖輝著	150元
9.	責罵部屬的藝術	多湖輝著	150元
10.	精神力	多湖輝著	150元
11.	厚黑說服術	多湖輝著	150元
12.	集中力	多湖輝著	150元
13.	構想力	多湖輝著	150元
14.	深層心理術	多湖輝著	160元
15.	深層語言術	多湖輝著	160元
16.	深層說服術	多湖輝著	180元
17.	掌握潛在心理	多湖輝著	160元
18.	洞悉心理陷阱	多湖輝著	180元
19.	解讀金錢心理	多湖輝著	180元
20.	拆穿語言圈套	多湖輝著	180元
21.	語言的內心玄機	多湖輝著	180元
22.	積極力	多湖輝著	180元

・超現實心理講座・電腦編號22

1.	超意識覺醒法	詹蔚芬編譯	130元
2.	護摩秘法與人生	劉名揚編譯	130元
3.	秘法！超級仙術入門	陸明譯	150元
4.	給地球人的訊息	柯素娥編著	150元

5. 密教的神通力	劉名揚編著	130 元
6. 神秘奇妙的世界	平川陽一著	200 元
7. 地球文明的超革命	吳秋嬌譯	200 元
8. 力量石的秘密	吳秋嬌譯	180 元
9. 超能力的靈異世界	馬小莉譯	200 元
10. 逃離地球毀滅的命運	吳秋嬌譯	200 元
11. 宇宙與地球終結之謎	南山宏著	200 元
12. 驚世奇功揭秘	傅起鳳著	200 元
13. 啟發身心潛力心象訓練法	栗田昌裕著	180 元
14. 仙道術遁甲法	高藤聰一郎著	220 元
15. 神通力的秘密	中岡俊哉著	180 元
16. 仙人成仙術	高藤聰一郎著	200 元
17. 仙道符咒氣功法	高藤聰一郎著	220 元
18. 仙道風水術尋龍法	高藤聰一郎著	200 元
19. 仙道奇蹟超幻像	高藤聰一郎著	200 元
20. 仙道鍊金術房中法	高藤聰一郎著	200 元
21. 奇蹟超醫療治癒難病	深野一幸著	220 元
22. 揭開月球的神秘力量	超科學研究會	180 元
23. 西藏密教奧義	高藤聰一郎著	250 元
24. 改變你的夢術入門	高藤聰一郎著	250 元
25. 21 世紀拯救地球超技術	深野一幸著	250 元

・養 生 保 健・電腦編號 23

1. 醫療養生氣功	黃孝寬著	250 元
2. 中國氣功圖譜	余功保著	230 元
3. 少林醫療氣功精粹	井玉蘭著	250 元
4. 龍形實用氣功	吳大才等著	220 元
5. 魚戲增視強身氣功	宮　嬰著	220 元
6. 嚴新氣功	前新培金著	250 元
7. 道家玄牝氣功	張　章著	200 元
8. 仙家秘傳袪病功	李遠國著	160 元
9. 少林十大健身功	秦慶豐著	180 元
10. 中國自控氣功	張明武著	250 元
11. 醫療防癌氣功	黃孝寬著	250 元
12. 醫療強身氣功	黃孝寬著	250 元
13. 醫療點穴氣功	黃孝寬著	250 元
14. 中國八卦如意功	趙維漢著	180 元
15. 正宗馬禮堂養氣功	馬禮堂著	420 元
16. 秘傳道家筋經內丹功	王慶餘著	280 元
17. 三元開慧功	辛桂林著	250 元
18. 防癌治癌新氣功	郭　林著	180 元
19. 禪定與佛家氣功修煉	劉天君著	200 元
20. 顛倒之術	梅自強著	360 元

21. 簡明氣功辭典	吳家駿編	360 元
22. 八卦三合功	張全亮著	230 元
23. 朱砂掌健身養生功	楊永著	250 元
24. 抗老功	陳九鶴著	230 元
25. 意氣按穴排濁自療法	黃啟運編著	250 元
26. 陳式太極拳養生功	陳正雷著	200 元
27. 健身祛病小功法	王培生著	200 元
28. 張式太極混元功	張春銘著	250 元

・社會人智囊・電腦編號 24

1. 糾紛談判術	清水增三著	160 元
2. 創造關鍵術	淺野八郎著	150 元
3. 觀人術	淺野八郎著	180 元
4. 應急詭辯術	廖英迪編著	160 元
5. 天才家學習術	木原武一著	160 元
6. 貓型狗式鑑人術	淺野八郎著	180 元
7. 逆轉運掌握術	淺野八郎著	180 元
8. 人際圓融術	澀谷昌三著	160 元
9. 解讀人心術	淺野八郎著	180 元
10. 與上司水乳交融術	秋元隆司著	180 元
11. 男女心態定律	小田晉著	180 元
12. 幽默說話術	林振輝編著	200 元
13. 人能信賴幾分	淺野八郎著	180 元
14. 我一定能成功	李玉瓊譯	180 元
15. 獻給青年的嘉言	陳蒼杰譯	180 元
16. 知人、知面、知其心	林振輝編著	180 元
17. 塑造堅強的個性	坂上肇著	180 元
18. 為自己而活	佐藤綾子著	180 元
19. 未來十年與愉快生活有約	船井幸雄著	180 元
20. 超級銷售話術	杜秀卿譯	180 元
21. 感性培育術	黃靜香編著	180 元
22. 公司新鮮人的禮儀規範	蔡媛惠譯	180 元
23. 傑出職員鍛鍊術	佐佐木正著	180 元
24. 面談獲勝戰略	李芳黛譯	180 元
25. 金玉良言撼人心	森純大著	180 元
26. 男女幽默趣典	劉華亭編著	180 元
27. 機智說話術	劉華亭編著	180 元
28. 心理諮商室	柯素娥譯	180 元
29. 如何在公司崢嶸頭角	佐佐木正著	180 元
30. 機智應對術	李玉瓊編著	200 元
31. 克服低潮良方	坂野雄二著	180 元
32. 智慧型說話技巧	沈永嘉編著	180 元
33. 記憶力、集中力增進術	廖松濤編著	180 元

34. 女職員培育術	林慶旺編著	180 元
35. 自我介紹與社交禮儀	柯素娥編著	180 元
36. 積極生活創幸福	田中真澄著	180 元
37. 妙點子超構想	多湖輝著	180 元
38. 說 NO 的技巧	廖玉山編著	180 元
39. 一流說服力	李玉瓊編著	180 元
40. 般若心經成功哲學	陳鴻蘭編著	180 元
41. 訪問推銷術	黃靜香編著	180 元
42. 男性成功秘訣	陳蒼杰編著	180 元
43. 笑容、人際智商	宮川澄子著	180 元
44. 多湖輝的構想工作室	多湖輝著	200 元
45. 名人名語啟示錄	喬家楓著	180 元
46. 口才必勝術	黃柏松編著	220 元
47. 能言善道的說話術	章智冠編著	180 元

・精 選 系 列・電腦編號 25

1. 毛澤東與鄧小平	渡邊利夫等著	280 元
2. 中國大崩裂	江戶介雄著	180 元
3. 台灣・亞洲奇蹟	上村幸治著	220 元
4. 7-ELEVEN 高盈收策略	國友隆一著	180 元
5. 台灣獨立（新・中國日本戰爭一）	森詠著	200 元
6. 迷失中國的末路	江戶雄介著	220 元
7. 2000 年 5 月全世界毀滅	紫藤甲子男著	180 元
8. 失去鄧小平的中國	小島朋之著	220 元
9. 世界史爭議性異人傳	桐生操著	200 元
10. 淨化心靈享人生	松濤弘道著	220 元
11. 人生心情診斷	賴藤和寬著	220 元
12. 中美大決戰	檜山良昭著	220 元
13. 黃昏帝國美國	莊雯琳譯	220 元
14. 兩岸衝突（新・中國日本戰爭二）	森詠著	220 元
15. 封鎖台灣（新・中國日本戰爭三）	森詠著	220 元
16. 中國分裂（新・中國日本戰爭四）	森詠著	220 元
17. 由女變男的我	虎井正衛著	200 元
18. 佛學的安心立命	松濤弘道著	220 元
19. 世界喪禮大觀	松濤弘道著	280 元

・運 動 遊 戲・電腦編號 26

1. 雙人運動	李玉瓊譯	160 元
2. 愉快的跳繩運動	廖玉山譯	180 元
3. 運動會項目精選	王佑京譯	150 元
4. 肋木運動	廖玉山譯	150 元

5. 測力運動	王佑宗譯	150元
6. 游泳入門	唐桂萍編著	200元

・休閒娛樂・電腦編號27

1. 海水魚飼養法	田中智浩著	300元
2. 金魚飼養法	曾雪玫譯	250元
3. 熱門海水魚	毛利匡明著	480元
4. 愛犬的教養與訓練	池田好雄著	250元
5. 狗教養與疾病	杉浦哲著	220元
6. 小動物養育技巧	三上昇著	300元
7. 水草選擇、培育、消遣	安齊裕司著	300元
20. 園藝植物管理	船越亮二著	220元
40. 撲克牌遊戲與贏牌秘訣	林振輝編著	180元
41. 撲克牌魔術、算命、遊戲	林振輝編著	180元
42. 撲克占卜入門	王家成編著	180元
50. 兩性幽默	幽默選集編輯組	180元
51. 異色幽默	幽默選集編輯組	180元

・銀髮族智慧學・電腦編號28

1. 銀髮六十樂逍遙	多湖輝著	170元
2. 人生六十反年輕	多湖輝著	170元
3. 六十歲的決斷	多湖輝著	170元
4. 銀髮族健身指南	孫瑞台編著	250元
5. 退休後的夫妻健康生活	施聖茹譯	200元

・飲食保健・電腦編號29

1. 自己製作健康茶	大海淳著	220元
2. 好吃、具藥效茶料理	德永睦子著	220元
3. 改善慢性病健康藥草茶	吳秋嬌譯	200元
4. 藥酒與健康果菜汁	成玉編著	250元
5. 家庭保健養生湯	馬汴梁編著	220元
6. 降低膽固醇的飲食	早川和志著	200元
7. 女性癌症的飲食	女子營養大學	280元
8. 痛風者的飲食	女子營養大學	280元
9. 貧血者的飲食	女子營養大學	280元
10. 高脂血症者的飲食	女子營養大學	280元
11. 男性癌症的飲食	女子營養大學	280元
12. 過敏者的飲食	女子營養大學	280元
13. 心臟病的飲食	女子營養大學	280元
14. 滋陰壯陽的飲食	王增著	220元

15. 胃、十二指腸潰瘍的飲食　勝健一等著　280 元
16. 肥胖者的飲食　雨宮禎子等著　280 元

・家庭醫學保健・電腦編號 30

1. 女性醫學大全　雨森良彥著　380 元
2. 初為人父育兒寶典　小瀧周曹著　220 元
3. 性活力強健法　相建華著　220 元
4. 30 歲以上的懷孕與生產　李芳黛編著　220 元
5. 舒適的女性更年期　野末悅子著　200 元
6. 夫妻前戲的技巧　笠井寬司著　200 元
7. 病理足穴按摩　金慧明著　220 元
8. 爸爸的更年期　河野孝旺著　200 元
9. 橡皮帶健康法　山田晶著　180 元
10. 三十三天健美減肥　相建華等著　180 元
11. 男性健美入門　孫玉祿編著　180 元
12. 強化肝臟秘訣　主婦の友社編　200 元
13. 了解藥物副作用　張果馨譯　200 元
14. 女性醫學小百科　松山榮吉著　200 元
15. 左轉健康法　龜田修等著　200 元
16. 實用天然藥物　鄭炳全編著　260 元
17. 神秘無痛平衡療法　林宗駛著　180 元
18. 膝蓋健康法　張果馨譯　180 元
19. 針灸治百病　葛書翰著　250 元
20. 異位性皮膚炎治癒法　吳秋嬌譯　220 元
21. 禿髮白髮預防與治療　陳炳崑編著　180 元
22. 埃及皇宮菜健康法　飯森薰著　200 元
23. 肝臟病安心治療　上野幸久著　220 元
24. 耳穴治百病　陳抗美等著　250 元
25. 高效果指壓法　五十嵐康彥著　200 元
26. 瘦水、胖水　鈴木園子著　200 元
27. 手針新療法　朱振華著　200 元
28. 香港腳預防與治療　劉小惠譯　250 元
29. 智慧飲食吃出健康　柯富陽編著　200 元
30. 牙齒保健法　廖玉山編著　200 元
31. 恢復元氣養生食　張果馨譯　200 元
32. 特效推拿按摩術　李玉田著　200 元
33. 一週一次健康法　若狹真著　200 元
34. 家常科學膳食　大塚滋著　220 元
35. 夫妻們關心的男性不孕　原利夫著　220 元
36. 自我瘦身美容　馬野詠子著　200 元
37. 魔法姿勢益健康　五十嵐康彥著　200 元
38. 眼病錘療法　馬栩周著　200 元
39. 預防骨質疏鬆症　藤田拓男著　200 元

40. 骨質增生效驗方　李吉茂編著　250元
41. 蕺菜健康法　小林正夫著　200元
42. 赧於啟齒的男性煩惱　增田豐著　220元
43. 簡易自我健康檢查　稻葉允著　250元
44. 實用花草健康法　友田純子著　200元
45. 神奇的手掌療法　日比野喬著　230元
46. 家庭式三大穴道療法　刑部忠和著　200元
47. 子宮癌、卵巢癌　岡島弘幸著　220元
48. 糖尿病機能性食品　劉雪卿編著　220元
49. 奇蹟活現經脈美容法　林振輝編譯　200元
50. Super SEX　秋好憲一著　220元
51. 了解避孕丸　林玉佩譯　200元
52. 有趣的遺傳學　蕭京凌編著　200元
53. 強身健腦手指運動　羅群等著　250元

・超經營新智慧・電腦編號 31

1. 躍動的國家越南　林雅倩譯　250元
2. 甦醒的小龍菲律賓　林雅倩譯　220元
3. 中國的危機與商機　中江要介著　250元
4. 在印度的成功智慧　山內利男著　220元
5. 7-ELEVEN 大革命　村上豐道著　200元
6. 業務員成功秘方　呂育清編著　200元
7. 在亞洲成功的智慧　鈴木讓二著　220元

・親子系列・電腦編號 32

1. 如何使孩子出人頭地　多湖輝著　200元
2. 心靈啟蒙教育　多湖輝著　280元

・雅致系列・電腦編號 33

1. 健康食譜春冬篇　丸元淑生著　200元
2. 健康食譜夏秋篇　丸元淑生著　200元
3. 純正家庭料理　陳建民等著　200元
4. 家庭四川菜　陳建民著　200元
5. 醫食同源健康美食　郭長聚著　200元
6. 家族健康食譜　東畑朝子著　200元

・美術系列・電腦編號 34

1. 可愛插畫集　鉛筆等著　220元
2. 人物插畫集　鉛筆等著　元

·心靈雅集· 電腦編號 00

1.	禪言佛語看人生	松濤弘道著	180 元
2.	禪密教的奧秘	葉逯謙譯	120 元
3.	觀音大法力	田口日勝著	120 元
4.	觀音法力的大功德	田口日勝著	120 元
5.	達摩禪 106 智慧	劉華亭編譯	220 元
6.	有趣的佛教研究	葉逯謙編譯	170 元
7.	夢的開運法	蕭京凌譯	130 元
8.	禪學智慧	柯素娥編譯	130 元
9.	女性佛教入門	許俐萍譯	110 元
10.	佛像小百科	心靈雅集編譯組	130 元
11.	佛教小百科趣談	心靈雅集編譯組	120 元
12.	佛教小百科漫談	心靈雅集編譯組	150 元
13.	佛教知識小百科	心靈雅集編譯組	150 元
14.	佛學名言智慧	松濤弘道著	220 元
15.	釋迦名言智慧	松濤弘道著	220 元
16.	活人禪	平田精耕著	120 元
17.	坐禪入門	柯素娥編譯	150 元
18.	現代禪悟	柯素娥編譯	130 元
19.	道元禪師語錄	心靈雅集編譯組	130 元
20.	佛學經典指南	心靈雅集編譯組	130 元
21.	何謂「生」阿含經	心靈雅集編譯組	150 元
22.	一切皆空　般若心經	心靈雅集編譯組	180 元
23.	超越迷惘　法句經	心靈雅集編譯組	130 元
24.	開拓宇宙觀　華嚴經	心靈雅集編譯組	180 元
25.	真實之道　法華經	心靈雅集編譯組	130 元
26.	自由自在　涅槃經	心靈雅集編譯組	130 元
27.	沈默的教示　維摩經	心靈雅集編譯組	150 元
28.	開通心眼　佛語佛戒	心靈雅集編譯組	130 元
29.	揭秘寶庫　密教經典	心靈雅集編譯組	180 元
30.	坐禪與養生	廖松濤譯	110 元
31.	釋尊十戒	柯素娥編譯	120 元
32.	佛法與神通	劉欣如編著	120 元
33.	悟（正法眼藏的世界）	柯素娥編譯	120 元
34.	只管打坐	劉欣如編著	120 元
35.	喬答摩・佛陀傳	劉欣如編著	120 元
36.	唐玄奘留學記	劉欣如編著	120 元
37.	佛教的人生觀	劉欣如編譯	110 元
38.	無門關(上卷)	心靈雅集編譯組	150 元
39.	無門關(下卷)	心靈雅集編譯組	150 元
40.	業的思想	劉欣如編著	130 元
41.	佛法難學嗎	劉欣如著	140 元

42. 佛法實用嗎	劉欣如著	140元
43. 佛法殊勝嗎	劉欣如著	140元
44. 因果報應法則	李常傳編	180元
45. 佛教醫學的奧秘	劉欣如編著	150元
46. 紅塵絕唱	海　若著	130元
47. 佛教生活風情	洪丕謨、姜玉珍著	220元
48. 行住坐臥有佛法	劉欣如著	160元
49. 起心動念是佛法	劉欣如著	160元
50. 四字禪語	曹洞宗青年會	200元
51. 妙法蓮華經	劉欣如編著	160元
52. 根本佛教與大乘佛教	葉作森編	180元
53. 大乘佛經	定方晟著	180元
54. 須彌山與極樂世界	定方晟著	180元
55. 阿闍世的悟道	定方晟著	180元
56. 金剛經的生活智慧	劉欣如著	180元
57. 佛教與儒教	劉欣如編譯	180元
58. 佛教史入門	劉欣如編譯	180元
59. 印度佛教思想史	劉欣如編譯	200元
60. 佛教與女姓	劉欣如編譯	180元
61. 禪與人生	洪丕謨主編	260元

・經營管理・電腦編號 01

◎ 創新經營管理六十六大計(精)	蔡弘文編	780元
1. 如何獲取生意情報	蘇燕謀譯	110元
2. 經濟常識問答	蘇燕謀譯	130元
4. 台灣商戰風雲錄	陳中雄著	120元
5. 推銷大王秘錄	原一平著	180元
6. 新創意・賺大錢	王家成譯	90元
7. 工廠管理新手法	琪　輝著	120元
10. 美國實業 24 小時	柯順隆譯	80元
11. 撼動人心的推銷法	原一平著	150元
12. 高竿經營法	蔡弘文編	120元
13. 如何掌握顧客	柯順隆譯	150元
17. 一流的管理	蔡弘文編	150元
18. 外國人看中韓經濟	劉華亭譯	150元
20. 突破商場人際學	林振輝編著	90元
22. 如何使女人打開錢包	林振輝編著	100元
24. 小公司經營策略	王嘉誠著	160元
25. 成功的會議技巧	鐘文訓編譯	100元
26. 新時代老闆學	黃柏松編著	100元
27. 如何創造商場智囊團	林振輝編譯	150元
28. 十分鐘推銷術	林振輝編譯	180元
29. 五分鐘育才	黃柏松編譯	100元

33. 自我經濟學	廖松濤編譯	100元
34. 一流的經營	陶田生編著	120元
35. 女性職員管理術	王昭國編譯	120元
36. ＩＢＭ的人事管理	鐘文訓編譯	150元
37. 現代電腦常識	王昭國編譯	150元
38. 電腦管理的危機	鐘文訓編譯	120元
39. 如何發揮廣告效果	王昭國編譯	150元
40. 最新管理技巧	王昭國編譯	150元
41. 一流推銷術	廖松濤編譯	150元
42. 包裝與促銷技巧	王昭國編譯	130元
43. 企業王國指揮塔	松下幸之助著	120元
44. 企業精鋭兵團	松下幸之助著	120元
45. 企業人事管理	松下幸之助著	100元
46. 華僑經商致富術	廖松濤編譯	130元
47. 豐田式銷售技巧	廖松濤編譯	180元
48. 如何掌握銷售技巧	王昭國編著	130元
50. 洞燭機先的經營	鐘文訓編譯	150元
52. 新世紀的服務業	鐘文訓編譯	100元
53. 成功的領導者	廖松濤編譯	120元
54. 女推銷員成功術	李玉瓊編譯	130元
55. ＩＢＭ人才培育術	鐘文訓編譯	100元
56. 企業人自我突破法	黃琪輝編著	150元
58. 財富開發術	蔡弘文編著	130元
59. 成功的店舖設計	鐘文訓編著	150元
61. 企管回春法	蔡弘文編著	130元
62. 小企業經營指南	鐘文訓編譯	100元
63. 商場致勝名言	鐘文訓編譯	150元
64. 迎接商業新時代	廖松濤編譯	100元
66. 新手股票投資入門	何朝乾編著	200元
67. 上揚股與下跌股	何朝乾編譯	180元
68. 股票速成學	何朝乾編譯	200元
69. 理財與股票投資策略	黃俊豪編著	180元
70. 黃金投資策略	黃俊豪編著	180元
71. 厚黑管理學	廖松濤編譯	180元
72. 股市致勝格言	呂梅莎編譯	180元
73. 透視西武集團	林谷燁編譯	150元
76. 巡迴行銷術	陳蒼杰譯	150元
77. 推銷的魔術	王嘉誠譯	120元
78. 60秒指導部屬	周蓮芬編譯	150元
79. 精鋭女推銷員特訓	李玉瓊編譯	130元
80. 企劃、提案、報告圖表的技巧	鄭汶譯	180元
81. 海外不動產投資	許達守編譯	150元
82. 八百伴的世界策略	李玉瓊譯	150元
83. 服務業品質管理	吳宜芬譯	180元

國家圖書館出版品預行編目資料

水草選擇・栽培・消遣／安齊裕司著，張果馨編譯，
－初版－臺北市，大展，民 88
面；21 公分－（休閒娛樂；7）
譯自：水草選び方・育て方・樂しみ方
ISBN 957-557-899-6（平裝）
1. 水生植物
373.54 88000259

水草選擇・栽培・消遣

ISBN 957-557-899-6

原著者／安齊裕司
編譯者／張果馨
發行人／蔡森明
出版者／大展出版社有限公司
社址／台北市北投區（石牌）致遠一路 2 段 12 巷 1 號
電話／(02) 28236031・28236033
傳真／(02) 28272069
郵政劃撥／0166955—1
登記證／局版臺業字第 2171 號
承印者／國順圖書印刷公司
裝訂／嶸興裝訂有限公司
排版者／千兵企業有限公司
電話／(02) 28812643
初版 1 刷／1999 年（民 88 年） 3 月

定價／300 元

大展好書 好書大展